Die Verwandlungen der öden Gründe.

Von

J. von Bodungen,
Kaiserlicher Oberförster zu Schloß Lützelstein im Elsaß.

Straßburg,
Verlag von Karl J. Trübner.
1876.

Vorwort.

In der richtigen Erkenntniß der Naturgesetze und in der vernünftigen Leitung und Benutzung der Naturkräfte beruhet die wahre Volkswohlfahrt. Vieles ist zwar noch in Dunkel gehüllt, aber immerhin sind Anhaltspunkte gewonnen, um an besonderen Dingen ein gesundes Urtheil begründen zu können, und sobald nur die Thatsachen und die weisen Zwecke der einfachsten Naturgesetze Würdigung finden, so wird sich eine fruchtbringende Einsicht Bahn brechen, insbesondere für die Erweckung und Belebung der schlafenden Erzeugungskräfte der öden Gründe.

Die veredelnde Benutzung des Bodens wird allerseits erstrebt. Hier und dort ist darin ein gewisser Grad von Vollkommenheit erreicht, und die Thätigkeit und Geschicklichkeit, mit welcher dieses geschehen ist, verdient Beachtung. Erfahrung ist der Meister! — In den Flachländern Hollands, Ostfrieslands, Holsteins, Lüneburgs &c. &c. hat man seit langen Jahren die Vorgänge in der Natur gewürdigt und vorzügliche Erfahrungen gesammelt. Diesen Vorbildern zu folgen, ist die Aufgabe der vorliegenden Schrift. Bei allem Nachfolgenden werden denn auch nur die Flachländer Deutschlands im Großen und Ganzen in's Auge gefaßt, um so mehr, da einerseits vornämlich in diesen bedeutend ausgedehnte öde Gründe vorkommen, andererseits für die Gebirgsländer besondere Verhältnisse bestehen.

Unter Vorhandensein derselben Kräfte und Bedingungen werden sich die Erscheinungen stets wiederholen, aber bei der Mannigfaltigkeit der Natur ist zur Ermittelung der erzeugenden Ursachen eindringende Aufmerksamkeit nöthig, und wenn die erprobten Verfahrungsweisen recht zu Gute kommen sollen, so müssen die Verhältnisse und Vorbedingungen völlig in Uebereinstimmung stehen oder gebracht werden.

Das mit steigender Bevölkerung zunehmende Bedürfniß nach Vermehrung der Bodenerzeugung drängt unaufhaltsam darauf hin, daß die ungeheueren öden Gründe in nutzbare Fluren verwandelt werden, und in der Absicht des Verfassers liegt es, dazu einige kurze Andeutungen zu geben, Anderen eine eingehendere Behandlung der Sache überlassend.

Inhalts-Verzeichniß.

Einleitung.

Das Flachland, aus mehr oder weniger verwitterten Thon, Sand und Kalk enthaltenden Gesteinen bestehend, hat sich unter dem Einfluß großer Wassermassen und der Winde hügelich und wellenförmig entwickelt. Das Verwitterbare ist in Thon und Lehm, das Festere in Kies und Sand abgelagert. Die Abstufungen der ehemaligen Ueberschwemmungsgebiete sind nach Ursprung der Gesteinsarten sehr verschieden. Im Flachlande Norddeutschlands tritt hauptsächlich zu unterst und zu oberst Kies oder Sand und in der Mitte Thon und Lehm auf. Auf den Sandrücken sind häufig alle thonigen Bindungstheile abgeschwemmt und Sandwehen entstanden, welche Dünen angehäuft haben. Ortstein ist nicht selten der Begleiter dieses Bodens.

Die Gewalt heftig strömender Wassermassen bahnte sich Abflußwege nach den Meeren, riß die obere Sanddecke fort und legte die Thon- und Lehmschichten zu Tage. Die Flüsse und Bäche deuten noch heute die Hauptabflußwege an; aber auch außer diesen sind deutlich Niederungen mit allgemeiner Abdachung nach den Meeren zu verfolgen, in welchen der Fluß früher einmal seinen Lauf hatte.

Die Flußniederungen haben große Vorräthe lockeren Materials, aus Sand, Thon, Kalk und pflanzlichen und thierischen Resten bestehend, aufgehäuft, wie noch heute die Flüsse bei Ueberfluthungen dergleichen Sinkstoffe ablagern, welche — sofern dieselben aus Gebirgen oder fruchtbaren Thälern kommen — zur Bereicherung des Bodens wesentlich beitragen.

Von besonderer Bedeutung sind die sich noch heute ablagernden Schlammtheile des Meeres an der Nordküste, welche den s. g. Marschboden von außerordentlicher Fruchtbarkeit bilden.

In geschlossenen Senkungen, welche trocken liegen, muß der Boden das Versinken des Wassers begünstigen. Ist dieser aber undurchlassend, so entstehen Seen, welche durch allmähliche Erhöhung ihres Wasserspiegels einen Abfluß finden.

An den Ufern der Meere, Seen, Flüsse und Bäche, sowie auf denjenigen Flußgebieten, welche ihrer niedrigen Lage wegen überschwemmt werden, bilden sich bei Stillstand des Wassers die **Unterwassermoore** (Darg, Seetorf und Grünlandsmoor genannt).

Der **Darg** (Ostfriesland) oder **Seetorf** wird durch das Wachsthum von Wasserpflanzen am Grunde und an der Oberfläche des Wassers erzeugt. Die Verschlingung der zweiseitigen Pflanzenablagerungen findet allmählich in der ursprünglich trennenden Wasserschicht statt. Die Masse wird durch fortwährenden Zuwachs immer dichter, bis die Oberdecke über dem Wasserspiegel hervorsteht, durch eingewehte Erde fest und zugänglich ist; oder eine Bodenschicht (Marschboden an der Nordküste) lagert sich auf dieselbe ab, wechsellagert auch zuweilen damit.

Das Grünlandsmoor entsteht in den sumpfigen Flußniederungen, indem die Abgänge von Pflanzen, welche an solchen Orten wachsen, sich von Jahr zu Jahr schichtweise auf der Oberfläche anhäufen und von Zeit zu Zeit Ueberschwemmungen Sinkstoffe anschlammen. All Flüsse, Bäche 2c. 2c. führen mit irgend bedeutenden Wassermassen Sinkstoffe und lagern diese da ab, wo die Bewegung des Wassers sich mindert. Ursprünglich wachsen Sumpfgewächse, besonders Schilf, und später, nachdem durch die zugeschlammten Erdtheile eine ziemlich feste Decke entstanden ist und diese sich über dem Sommerwasserstand erhoben hat, — Gräser üppig. Diese bilden so lange den Hauptbestandtheil der Pflanzendecke, als der Sommerwasserstand nicht wesentlich unter der Oberfläche des Bodens steht. Sobald aber dieser sich so erhöht, daß das Gelände selbst bei Hochwasser selten oder gar nicht mehr überschwemmt wird, so verliert sich das Wachsthum der Gräser und geht in das der Heide über. Solche Grünlandsmoore verwandeln sich alsdann in Hochmoore.

In den ursprünglich trockenen Senkungen entstehen die Ueberwassermoore oder Hochmoore, und zwar zunächst auf die Weise, daß die Sandschicht durch Anhäufung von Pflanzenresten allmählich ihre Durchdringlichkeit für die atmosphärischen Niederschläge und natürlichen Quellen verliert und wegen Mangel an hinlänglichem Abfluß Versumpfungen sich bilden, welche das Wachsthum der Landpflanzen stören und das der Sumpfpflanzen befördern. Dieser erste Entwickelungsgrad bezichnet den Boden als anmoorig. Ist die Erdschicht kräftig, so finden sich saure Gräser und Sumpfpflanzen ein, und in diesem Zustande wird der Boden als **Bruchmoor** angesprochen. Ein solcher humusreicher Boden, fortwährend der Nässe ausgesetzt, verwandelt sich bald in ein unfruchtbares Erdreich, indem vom Wasser alle pflanzenernährenden Stoffe ausgelaugt werden. Alsdann breiten sich auf den zerstörten Pflanzenresten zuerst Torfmoose, später mehr vollkommnere Wasserpflanzen aus. Während diese fortwährend unten absterben und vermodern, setzen sie oben ihr Wachsthum unabläſſig fort, bis zu einer Höhe, wo die nöthige Feuchtigkeit mangelt. Wenn die Ueberreste dieser Pflanzen, die wegen des vorhandenen Wassers und wegen der fäulnißwidrigen Eigenschaft der Humussäure nicht völlig verwesen konnten, sich in vielen Jahren angehäuft haben, und wenn die Decke des Moores durch Ansiedeluug von Laubmoosen dichter und filziger geworden ist, so stellen sich Heiden und andere Pflanzen, welche feuchten Moorgrund und sauren Humus lieben, ein. So lange der Boden durch solches Aufwachsen sich erhöht, dehnt sich das Moor auch immer weiter an seinen Rändern in die Breite aus. Der ursprüngliche Pflanzenwuchs stirbt hier in Folge der zunehmenden Versumpfung allmählich gleichfalls ab und macht dem wuchernden Mooswuchse Platz. In dieser Verlaufszeit wird der Boden, dessen Moorgebiet zugleich in der Mitte höher als an den Rändern angewachsen ist, **Hochmoor** genannt. — Die Torfmoose und die Heiden sind durch ihr geselliges Wachsthum auf dem Hochmoore vorzugsweise die herrschendeu Pflanzen. Das Torfmoos bekleidet die schwammigen und feuchteren Strecken, die Heide dagegen die hervorragenderen, verhältnißmäßig festeren und trockneren Theile (Bulten). Sobald das Hochmoor einen gewissen Grad von Feuchtigkeit erlangt und mit freier Humussäure übersättigt ist, gedeihen daselbst nur Moose, die bei zunehmender Ueberladung auch endlich verschwinden.

Die Ueberwassermoore oder Hochmoore entstehen also durch das Aufeinanderwachsen von Pflanzen, deren untere Theile nach und nach absterben. Unter Einwirkung von Humussäure bilden nun diese Pflanzenreste jenen eigenthümlichen braunen, brennbaren, filzigen oder schwammigen Stoff, den Torf.

Schon auf den ersten Blick ist an der natürlichen Pflanzendecke zu erkennen, wie weit die Ueberschwemmungen sich erstrecken, indem alle Flächen, welche den Ueberschwemmungen ausgesetzt sind, einen grünen Teppich tragen, während alle denselben nicht ausgesetzten Flächen meistens nur Heide hervorbringen.

Der über die Niederungen ausgebreitete Grasteppich ist lediglich der Wirksamkeit der natürlichen Bewässerungen zuzuschreiben. Wo die Bewässerung mit nicht ganz dungarmem Wasser auftritt, ist der Graswuchs von besserer Güte, als da wo das Wasser moorige oder sehr dungarme Beschaffenheit hat. Ein übermäßiger Feuchtigkeitszustand des Bodens verdrängt die Gräser und führt zur Versumpfung und Moorbildung. Im Uebrigen hat die Beschaffenheit des Bodens keinen erheblichen Einfluß auf den Graswuchs. Dasselbe ist im wasserfreien Gebiete bezüglich des Heidewuchses zu bemerken. Die anspruchslose Heidepflanze findet sich hier auf dürrem, frischem uud feuchtem Sand-, Lehm- und Moorboden herrschend; nur wo der Sand allzudürr und lose ist, weicht sie den Hungergräsern, Flechten nnd Moosen.

Unzweifelhaft sind die Heideflächen vormals bewaldet gewesen, denn in den tieferen Moorschichten finden sich zahlreiche Ueberreste von Waldbäumen, ja zuweilen geschlossene Waldbestände begraben, welche beweisen, daß ein sogar üppiger Wuchs edler Hölzer sich entfalten konnte; ebenso sicher sind die geschichtlichen Nachweise, denen zufolge die trockenen Sandgegenden wenigstens theilweise dicht bewaldet waren. Die hier fallenden Bäume mußten völlig vermodern, während jene sogleich von der nassen Moorerde eingeschlossen wurden und dadurch der Zersetzung widerstanden.

Weniger menschliche Eingriffe, sondern hauptsächlich natürliche Ursachen haben den Untergang der Wälder herbeigeführt. In den Mooren war es die Versumpfung und in den trockenen Sandgegenden die Verheidung und Ortsteinbildung.

Der Vernässung und Erkaltung des Bodens mußten alle edleren Pflanzen, insbesondere die Waldbäume weichen.

Auf den Sandhöhen waren es Orkane, welche die Wälder lichteten und damit zunächst die Bedingungen des Gedeihens der edleren Laubhölzer raubten. Diesen folgte die genügsame Kiefer und Birke, welche aber ihrer schwachen Beschirmung wegen nicht die Heide beherrschen konnten, vielmehr von dieser allmählich verdrängt wurden.

Die Freilage beförderte oberflächlich das Auswaschen der thonigen Bindemittel und der wirksameren mineralischen Nährstoffe, vorzüglich des Feldspats und Glimmers, auch hier und dort das Ausscheiden der Kieselsäure oder Kieselerde, so daß schwerlösliches Kieselmehl oder krystallinische Quarzkörner als unfruchtbarer Bestandtheil verblieb.

Die Pflanzenreste verfielen wegen Mangel an zersetzenden löslichen Mineralbasen der Verkohlung.

Die Verheidung mit dem sich erhaltenden Kiefernkrüppelwuchse vermehrte und verkittete durch ihre harzhaltigen Abfälle die kohlige Masse und führte zur Bildung von saurem Humus.

Mit der Bodenversauerung erzeugte sich Ortstein. Das Eisen wurde in der humosen Oberdecke gelöst und sank als humussaures Eisensalz in die tiefere Erdschicht, wo dasselbe unter Einwirkung der Mineralbasen sich zum unlöslichen Eisenoxyd umbildete.

Das Bild der öden Gründe ist mehr grauenhaft als schön, und dennoch bietet dasselbe mitunter einen eigenthümlichen Reiz, der im Gefühl der tiefsten Armuth der Natur zur Schwermuth führt. Die einförmige braune Nebelgestalt der Heide verfinstert das Auge, und nur zuweilen gewährt der grüne Niederungsteppich, gleichsam als Oase in der Wüste, einige Lichtblicke.

Aller Pflanzenwuchs ist auf die oberste Erdschicht angewiesen. Pflanzen, welche naturgemäß absteigende Wurzeln treiben, treiben hier eine wagerechte. Eine Wirkung des Mangels an Bäumen und Sträuchern ist eine lautlose Stille und das Gefühl der Einsamkeit. Und doch ist es nicht der Eindruck eines Leichenfeldes, sondern der Eindruck des Unverbrauchten und Unverzehrten, der Gedanke, daß die schaffenden Kräfte der Mutter Erde hier noch schlummern; es ist, als ob der Schöpfungsmorgen erst angebrochen wäre, und das Leben noch folgen sollte.

Die Bewohner halten sich ebenso unverändert, wie die Natur, die sie umgiebt. Diese Unveränderlichkeit, welche sich selbst menschlichen Einrichtungen und Sitten aufdrückt, zeigt sich in den planlos angelegten Colonien um so auffälliger, als das eintönige Leben den Colonisten in der Cultur sich nicht über seine Armuth erheben läßt.

Trotz der Unscheinbarkeit ist die Benutzung der öden Gründe mannigfach.

Vor Allem ist das Grünland gesucht. Dasjenige, welches von Flußwasser zeitweise überschwemmt wird, bringt Rietgräser hervor, die je nach dem Grade der Versumpfung zu Futter oder Streu dienen, während das mit Quellen- und Regenwasser überschwemmte Land kurzes, mageres mit Moos durchwachsenes Futtergras liefert.

Die Heiden, hin und wieder mit Angerstellen vermengt, dienen als Weide für Kühe, im Uebermaß auch für Schaafe (Heideschnucken), wogegen die mit Flugsand überweh'ten oder auf Ortstein lagernden Strecken, sowie das schwammige Moor lediglich den Schnucken Nahrung bieten.

Unwesentlich ist die Benutzung der Heide zum Decken der Gebäude, zu Besen &c. &c.

Die Heideblüthe ist das Orakel der Imker.

Gierig werden lange Heide und Heideplaggen — mehr vom Sand als vom Moor — als Dungstoff erhascht, ohne Kümmerniß über die dadurch entstehenden Sandwehen.

Die Habsucht treibt zum Brennen der Heide, weil ab und an ein glückliches Loos fällt. Auf dem Sande geht das Glücksspiel bald zu Ende, wogegen es auf dem Moore zeitweise noch gelingen kann. Gegen ein so arg eingenistetes Uebel ist schwer kämpfen! Das wird der ehrenwerthe nordwestdeutsche Moorbrandvertilgungsverein erkannt haben, indem derselbe ursprünglich unmittelbar und später mittelbar der Brandcultur den Todesstoß zu bereiten sich bestrebte.

Nicht die Heideplagge und nicht die Schlammasse der Bruch- und Grünlandsmoore, sondern der Torf der Hochmoore ist wichtig als Brennstoff. Wenn nun auch noch nicht allerseits die Ausbeutung bezw. Nutzbarmachung der Torfmoore genügt, so ist doch in dieser Beziehung schon Vorzügliches in Holland und Ostfriesland geleistet.

Dort sind ebenso die Verwandlungen der Grünlandsmoore durch Uebererdungen, Ueberschwemmungen ꝛc. ꝛc. nachahmungswürdig, wie in der Lüneburgerheide die Bewässerungen sich auszeichnen.

Beachtungswerth ist ferner in der Lüneburgerheide und Holstein die Hebung der Erzeugungskraft des Lehm- und Sandbodeus durch die Bemergelung.

Auch bezüglich der Aufforstung hat die Lüneburgerheide und Ostfricsland gelungene Bilder aufzuweisen.

Bei allen diesen Verwandlungen sind zwar hier und dort einzelne schöne Fluren und Wälder geschaffen, im Großen und Ganzen liegen aber die öden Gründe durch die menschlichen Eingriffe wüster als zuvor.

Ein bedeutender Theil Norddeutschlands wird von der Heide eingenommen. Allein die Provinz Hannover hat nach der neuesten geometrischen Aufnahme 1,013,143 Hktr. Moore und mit Heide bestandene Flächen. Die ermittelte Gesammtgröße der Provinz Hannover mit 695,$_{25}$ Q. Meilen vertheilt sich mit:

55,$_{14}$ Q. M. auf die Marschen,
163,$_{61}$ „ „ auf Gegenden mit vorherrschendem Lehmboden,
467,$_{41}$ „ „ auf die Sandgeest,
9,$_{09}$ „ „ auf die Wasserflächen.

Von den Hauptbodenarten entfallen auf:

Lehm- und Thonboden	25,8 %
Lehmigen Sand und sandigen Lehm	17,1 „
Sandboden	41,2 „
Moorboden	14,6 „
Wasserflächen	1,3 „

Das unglücklichste Verhältniß besteht in der Landdrostei Osnabrück. Es giebt nämlich an cultivirtem Boden in Arenberg-Meppen nur 17,5 %, in Bentheim 23 %; an Forstgrund im Lingenschen 3 %, in Bentheim 4 %, in Arenberg-Meppe 2,4 %; also hier noch über 80 %, in Bentheim 74 % und in Lingen 60 % uncultivirten Bodens, hauptsächlich Heide und Moor.

Dort gewährt im Allgemeinen ein Hektar der Oeden:

Grünland als Wiese, Weide ꝛc. ꝛc. . . .	5—15 M.
Moor- und Heideland als Weide, Streu ꝛc. ꝛc.	2— 5 „

Reinertrag.

Dieser höchst geringe Reinertrag dürfte zu ergiebigeren Verwandlungen genugsam Veranlassung geben.

Eine gehörige Würdigung aller Verhältnisse, welche auf das Wachsthum der Pflanzen von Einfluß sind, sollte stets der Inangriffnahme vorangehen.

Die Pflanzen befestigen sich mit ihren Wurzeln im Boden, und je größeren Raum dieser bietet, desto vollkommener werden die Wurzeln sich ausbilden. Die Pflanzen ziehen aber auch aus dem Boden durch ihre Wurzeln die befruchtenden Stoffe, welche ihr Wachsthum einleiten und befördern, und je vollkommener die Wurzelausbildung sich gestaltet, desto reichlichere Nahrung werden die Pflanzen aufsaugen können.

Der Boden mit seinen Bestandtheilen ist also schon dadurch für die Culturverhältnisse von großer Wichtigkeit. Zur völligen Entwickelung des Pflanzenlebens gehört aber noch Luft, Feuchtigkeit und Wärme.

Die Luft befruchtet nicht allein die Pflanze an der Oberfläche der Erde, sondern bereichert auch den Boden.

Sauerstoff, Kohlensäure und Ammoniak sind die Hauptquellen für die Pflanzennahrung. Diese Stoffe werden von den Bodenarten als Gase aus der Luft angezogen und festgehalten: am meisten im feuchten Zustande, alsdann vorzüglich von dem Humusboden, weniger von dem Lehmboden und am wenigsten von dem Sandboden.

Ebenso förderlich für das Pflanzenleben ist der gehörige Grad von Feuchtigkeit, denn durch das Wasser werden die nährenden Stoffe aufgelöst und in eine Form gebracht, in welcher die Wurzeln sie aufnehmen und der übrigen Pflanze sie zuführen können. Es besitzen die Bodenarten die Eigenschaft, Feuchtigkeit aus der Luft anzuziehen und festzuhallen: am stärksten der Humusboden, weniger der Lehmboden und am wenigsten der kieselhaltige Sand.

Von Wichtigkeit ist sodann noch die Erwärmungsfähigkeit der Bodenarten. Je trockener der Boden, desto größere Erwärmungsfähigkeit besitzt derselbe. Nasser Boden ist in der Regel auch kalt. Je dunkler der Boden gefärbt ist, um so leichter wird er erwärmt. Nur der Sand erwärmt sich seiner Trockenheit wegen auch in heller Farbe am schnellsten.

Hauptsächlich sind im Flachlande folgende Bodenarten zu unterscheiden: Marsch, Grünlandsmoor, Heidelehm, Heidesand, Anmoor, Bruch- und Hochmoor.

Alle diese Bodenarten enthalten mehr oder weniger Reste pflanzlicher und thierischer Stoffe. Solche in der

Verwesung schon vorgeschrittenen Reste werden Moder oder Humus genannt. Der brennbare Hauptbestandtheil des Humus besteht aus verschiedenen Verbindungen von Kohlenstoff, Wasserstoff und Sauerstoff, denen auch meistens noch Stickstoff beigesellt ist; außerdem enthält der Humus aber auch die Alkalien und Salze, welche in den Pflanzen, aus denen er entstand, abgelagert waren. Die Verwesung bedingt Luft, Feuchtigkeit und Wärme. Es verbindet sich dabei der Sauerstoff der Luft mit dem Wasserstoff der verwesbaren Körper zu Wasser und mit dem Kohlenstoff zu Kohlensäure, während der Stickstoff mit einem Theil des Wasserstoffes Ammoniak erzeugt.

Der gute, milde, aus nicht schwer verweslichen Pflanzen entstandene Humus ist im Wasser löslich und befindet sich in dem Zustande, daß er theils die mineralischen Bestandtheile des Bodens in nährende Stoffe verwandelt, theils aber auch von den Pflanzen geradezu als Wasser, Kohlensäure und Ammoniak aufgenommen wird. Die löslichen Humustheile bestehen hauptsächlich in Humussäuren, salpeter-, auch schwefelsauren Salzen 2c. 2c. Die Humussäure ist gewöhnlich an verschiedene Basen als Natron, Kali, Chlor, Kalk 2c 2c. gebunden.

Der milde Humus verflüchtigt sich in Gase: Ammoniak, Kohlensäure, zumal bei öfterer Auflockerung und wenn Wärme und Feuchtigkeit dabei im starken Grade mitwirken.

Das Uebermaß löslicher Pflanzenstoffe ist dem Gedeihen der Gewächse nachtheilig, indem alsdann die erforderlichen mineralischen Bestandtheile nicht in zureichendem Maße vorhanden sind. Erzeugt sich mehr Humus, als aufgelöst und verzehrt werden kann, so wird er frei und sauer.

Ist der Zutritt der Luft geschmälert, oder fehlt es an der nöthigen Wärme und Feuchtigkeit, so wird die

Humusbildung gehemmt und die Wirksamkeit der pflanzlichen Reste für das Wachsthum unterbrochen.

Nässe hält den Zutritt der Luft ab und erzeugt einen Humus, welcher theils freie Säuren, als Humus- und Quellsäure enthält, theils sich mit im Wasser löslichen Eisenoxyd- und Oxydulsalzen verbindet und nachtheilig auf das Wachsthum der Pflanzen wirkt. Diesen nennt man sauren Humus oder Humussäure.

Der milde Humus verbessert zugleich alle Bodenarten mechanisch. Er zieht unter allen Bestandtheilen des Bodens am meisten Gase und Feuchtigkeit aus dem Luftkreis an sich. Im Uebermaß aber hält er Wasser und deßhalb Frost zu lange an; wird bei trockenem Wetter zu Staub und zerfließt bei Nässe zu Brei; ist zu schwammig, weßhalb die Gewächse nicht fest genug in ihm wurzeln können; friert leicht auf, wodurch das Wurzelwerk der Gewächse zerstört wird.

Die Aschenbestandtheile der Pflanzen erweisen, daß auch Mineralstoffe in der Pflanze enthalten sind, welche nur in einem in Wasser leicht löslichen Zustande aufgenommen sein können. Dieses führt auf die Betrachtung über die Löslichkeitsverhältnisse der für die Ernährung der Pflanzen wichtigsten Mineralstoffe, aus der wir den Schluß ziehen, daß alle Stoffwechselverbindungen, welche eine Wanderung der Nährstoffe in dem Saft der Pflanzen voraussetzen, in löslicher Form sich vollziehen müssen.

Jeder Boden hat für die Ernährung der Pflanzen mehr oder weniger werthvolle Mineralstoffe. Ein Boden kann aber nur dann die gewünschten Eigenschaften besitzen und wirklich gut sein, wenn er Sand, Thon und Kalk als Hauptbestandtheile enthält. Die thätigsten Bestandtheile des Bodens sind Sand und Thon. Ein Boden kann in seiner Fruchtbarkeit zurückgehen oder ganz unfruchtbar werden, wenn er nur aus einer der drei genannten Erdarten besteht. Je gleichmäßiger das Mengungsverhältniß dieser Erdarten ist, desto fruchtbarer der Boden.

Die Fruchtbarkeit des Bodens beruht, abgesehen von seiner natürlichen Beschaffenheit, auf dem Vorhandensein sämmtlicher Nährstoffe, als: Stickstoff in Form von Ammoniak oder Salpetersäure, Phosphorsäure, Kali, Natron, Kalk, Magnesia, Eisen, Schwefelsäure, Chlor und Kieselsäure. Alle diese Nährstoffe haben für die Ernährung und für das Wachsthum der Pflanzen in so weit einen gleichen Werth, daß keiner derselben zu ersetzen ist. Fehlt einer davon in dem Boden, so werden die übrigen Nährstoffe unthätig und vermögen die Entwickelung der Pflanze allein nicht zu bewirken. Die Bodenarten enthalten die meisten dieser Nährstoffe in reichlicher Menge. Mangel ist häufig an Kali, namentlich im Sand- und Moorboden; noch weniger in der Natur verbreitet sind Stickstoff und Phosphorsäure. Um aber keine Pflanzennährmittel unnütz zu Hülfe zu nehmen, suche man sich bei allen Verwandlungen zunächst über die Bedürfnisse seines Bodens Klarheit zu verschaffen. Die chemischen und physikalischen Untersuchungen des Bodens trügen mitunter, und deßhalb werden stets vor Beginn von größeren Anlagen Versuche im Kleinen angebracht sein.

Von den einzelnen Bodenarten ist

Der Marschboden

am fruchtbarsten. Derselbe ist durch die allmähliche Zuführung von Fluß- und Meer-Wasserablagerungen entstanden und mit Humus bildenden Pflanzenresten mehr oder weniger reichlich gemischt.

Die Flußmarschen haben Sand, Thon, Mergel, Lehm, Grand in verschiedenster Zusammensetzung und Mächtigkeit, jedoch sackt Sand und Grand, und die leichteren Erdarten als Thon und Mergel bilden meistens den Obergrund.

Die Meermarschen sind gleichförmiger gebildet und fruchtbarer. An der Nordküste sind es hauptsächlich die thierischen, Stickstoff enthaltenden Ablagerungen, durch welche der dortige Marschboden Jahrhunderte lang die reichsten Ernten ohne Düngung liefert.

Der Flußmarschboden ist aus denjenigen Erdtheilen zusammengesetzt, welche in den vom Fluß durchströmten mannigfaltigen Bodenarten vorkommen, und deßhalb sind die Bestandtheile desselben so sehr verschiedenartig gemischt. Je nachdem die Erdkrume mehr Thon und Mergel oder mehr Sand und Grand enthält, ist der Boden reich oder arm an Mineralstoffen; aber durch die reichliche Beimischung von Pflanzenresten kann gleichwohl der mineralisch arme Boden für das Pflanzenwachsthum noch fruchtbar sein.

Der Marschboden zeichnet sich außer seiner für das Pflanzenwachsthum geeigneten Zusammensetzung noch besonders dadurch aus, daß er begierig Feuchtigkeit und Gase einsaugt und dann leicht an der Luft zerfällt.

In der Regel bildet der Marschboden Fluren, wo die Natur ihre Gaben in schönster Fülle und Kraft von selbst ausschüttet. Seine Graswüchsigkeit bestimmt ihn zur Gras- und Weidenutzung; stellenweise mag er jedoch in trockenen Lagen zum Fruchtbau geeigneter sein.

Leidet der Marschboden an Näſſe, so finden sich saure Gräser statt der süßen ein, bei stärkerer Verwässerung Moosarten ꝛc. ꝛc., bei Eintritt der Versumpfung Rohr, Schilf ꝛc. ꝛc., und als dann bildet sich

Der Grünlandsmoorboden.

Meistentheils steht übrigens dieser Boden auf Sand. Die darauf lagernden unteren Schichten bestehen gewöhnlich aus losen braunen, wenig verwesten Pflanzenstoffen mit geringer Beimischung von erdigen Schlammtheilen, wogegen die obere mehr oder weniger mächtige Schicht eine dichte und schwarze Schlammasse enthält, welche mehr oder weniger reich an mineralischen Bestandtheilen ist. Jedenfalls liegt in dem Moore ein Reichthum an Stickstoff begraben, welcher bei zweckmäßiger Behandlung in lösliche und den Pflanzen zugängliche Verbindungen übergeführt wird und damit stickstoffhaltige Düngmittel zum Theil überflüssig machen kann. Dazu ist beim Grünlandsmoore außer Zweifel, daß die häufigen Ueberschwemmungen, selbst der minder brauchbaren Gewässer, Mineralstoffe abgelagert haben. Je vollständiger dieser Boden nun die erforderlichen mineralischen Bestandtheile enthält und je mannigfacher demnach die Verbindungen derselben mit den pflanzlichen Bestandtheilen sind, desto vollkommener werden darauf alle Arten von Culturpflanzen erzeugt. Obwohl meistens die obere Schicht der Grünlandsmoore mehr oder weniger Alles enthält, was zur Nahrung der Culturpflanzen gehört, und deßhalb schon nach einer guten Entwässerung fruchtbar gemacht werden kann, so erlangt dieser Boden immer erst durch entsprechende Uebererdung diejenige Fruchtbarkeit, deren er überhaupt fähig ist. Ganz besonders zeigt sich die Zufuhr von Mergel, Schlick und Marscherde (Klei) wirksam. Nicht minder erfolgreich ist das Aufstauen oder Aufschlämmen (Aufschlicken).

Neben einer Anreicherung an werthvollen Pflanzennährstoffen verlangt eine vernünftige Moorkultur aber noch die Herstellung einer größeren Festigkeit und Unbeweglichkeit durch Zuführung eines verdichtenden Hülfsmittels (Lehm und Sand), dem als Grundbedingung stets eine zweckmäßige Regulirung der Wasserverhältnisse vorangehen muß.

Der Moorboden überhaupt hat eine sehr bedeutende Haarröhrchenkraft, vermöge deren er die Feuchtigkeit, die Erzeugungsursache der Säure im Boden, sehr stark und hoch aufsaugt und festhält. Derselbe hält sich deßhalb auch sehr lange feucht, besonders aber der Grünlandsmoorboden, der von Grundwasser übersättigt wird, und ist dieser dadurch, so wie durch seine weitere Zusammensetzung und lockere Beschaffenheit, zum Graswuchs entschieden mehr als zum Fruchtbau geeignet.

Der Angerboden

wird durch Quell- und Regenwasser überschwemmt, welches sich auf den niedrigsten Stellen ansammelt oder von den anliegenden uncultivirten Flächen (Mooren und Heiden) und cultivirten Feldern zufließt.

Hat die Feldmark, von welcher die Ueberschwemmung ausgeht, lehmigen Boden in gutem Culturzustande, so führt das abfließende Wasser Bestandtheile der Ackerkrume und Düngertheile mit hinweg und setzt es auf den zunächst liegenden Angerboden ab, welcher dadurch, sofern er nicht sehr an Nässe leidet, kräftigen Graswuchs hervorbringt

Selbst wenn das Wasser aus uncultivirten Flächen zufließt und moorig ist, ist dasselbe nicht ohne befruchtende Eigenschaften und kann bei sonst günstigen Standortsverhältnissen einen nutzbaren grünen Teppich erzeugen.

Ist der Angerboden sandig und trocken, so bringt das Ueberschwemmungswasser auf den niedrigsten Stellen wohl noch Gras von dürftigem Wuchs hervor, auf höheren Lagen wird jedoch die Heide sich einnisten.

Der dem Quellwasser ausgesetzte graswüchsige Angerboden eignet sich zur Anlage von Kunstwiesen, so wie unter vorbezeichneten Verhältnissen der Angerboden mit Herstellung eines angemessenen Feuchtigkeitszustandes entschieden erfolgreicher als Düngwiese, wie als Acker genutzt wird.

Der Heidelehmboden

ist gewöhnlich neben der gemeinen Heide mit Sumpfheide, Buschwerk 2c. 2c. bewachsen und lediglich durch die Verheidung in seinem Wirkungsvermögen gestört. Der Lehmboden in guter Düngkraft gehört zu den besseren Bodenarten. Er enthält Thon und Sand mehr oder weniger zu gleichen Theilen, und gewöhnlich ist ihm auch etwas Kalk 2c. 2c. beigemischt. Nach seinen natürlichen Eigenschaften hält der Lehmboden das glückliche Mittel zwischen dem Thon- und Sandboden. Er ist weder zu heiß, zu kalt, zu naß, zu locker, noch zu bindend.

Der Thongehalt bindet löslichen Humus, und es pflegt deßhalb daran der Heidelehmboden nicht arm zu sein. Aber auch die Heidehumusdecke ist nicht als werthlos zu betrachten, kann vielmehr in gutem mildem Humus leicht verwandelt werden.

Der Heidelehmboden ist ohne großen Düngerzuschuß urbar zu machen und eignet sich zu Acker, vorzüglich zum Kleebau.

Der Heidesandboden

ist meistens dürre und vorwiegend mit der gemeinen Heide bewachsen.

Die Heidenarbe findet man in kohlenartigem im Wasser nicht auflöslichem Zustande von schwarzer Farbe, zuweilen stark mit Harzstoff, welcher aus den Abfällen des Nadelholzes und Heidekrautes entstanden ist, verbunden; auch enthält sie Gerbestoff, Gallussäure 2c. 2c. Dieser kohlige und harzige Heidehumus ist zusammenziehend, und verhält sich zum Pflanzenwachsthum wenn nicht nachtheilig, so doch gleichgültig. In Vermischung mit Sand macht er den Boden lose, flüchtig und trocken.

Der mineralische Bestandtheil dieses Bodens ist in der Hauptsache der Sand oder die Kieselerde. Diese ist ein wesentlicher Nahrungsstoff der Pflanzen und wird als Kieselsäure mittelst des Pflanzensaftes in alle Theile derselben, besonders in die Halme der Getreidearten geführt, denen sie ihre Festigkeit gibt. Die Pflanzen verlangen jedoch noch andere mineralische Nahrungsstoffe, und enthält der Sandboden keine Beimengungen von anderen Erdarten, so ist er ganz unfruchtbar. Hier kommt in Frage, welche Hülfsmittel erforderlich und anwendbar sind, solchen Boden nutzbar zu verwandeln, und in wie weit die fehlenden mineralischen Bestandtheile: Kalk, Thon, Gips, Bittererde, Kali, Natron, Kochsalz 2c. 2c. ohne unverhältnißmäßigen Aufwand zu beschaffen sind.

Der Sandboden hat zudem eine geringe wasseranziehende und wasseranhaltende Kraft, wodurch er in trockenen Sommern an der für Pflanzenwachsthum erforderlichen Feuchtigkeit Mangel leidet. Dabei ist er sehr locker, und da deßhalb die Luft und die Feuchtigkeit leicht in ihn eindringen können, so zersetzen sich die Düngstoffe in ihm schnell und entweichen luftförmig, wozu seine leichte Erwärmungsfähigkeit mithilft. Dieses hat zur Folge, daß er viel Dünger verzehrt, also oft gedüngt werden muß.

Die Bearbeitung des Sandbodens, namentlich bei anhaltend trockener und warmer Witterung vermehrt die Verflüchtigung seiner Feuchtigkeit und seiner düngenden

Stoffe, und er darf daher nicht zu oft und thunlichst nur bei feuchter Witterung aufgeschlossen (gepflügt) werden.

Der Lehm und Mergel begleiten häufig die Heiden, und kann man diese Erdarten leicht zuführen, so kann der Heidesandboden zuweilen in einen fruchtbaren Ackerboden verwandelt werden. Ohne diese oder andere Hülfsmittel ist er stets als Waldboden anzusprechen, und wird mit Abnahme seiner Beimengungen von anderen Erdarten zum Krüppelwuchs erzeugenden Boden herabsinken.

Der anmoorige Boden

ist vorzugsweise mit der gemeinen Heide und Sumpfheide bewachsen. Die Humusdecke ist in saurem, kohligem oder sonst ungünstigem Zustande. Im Uebermaß haben sich die Pflanzenstoffe angehäuft; vorzugsweise durch zu große Sättigung mit Wasser ist der Zutritt der Luft mehr oder weniger ausgeschlossen und die schwarze lockere und leichte Humusdecke hat bei Mangel an erdigen Bestandtheilen freie Säuren erzeugt. Diese üben im Boden auf das Pflanzenwachsthum einen nachtheiligen Einfluß aus, und ein solcher saurer Humusboden kann nur durch Beseitigung der vorhandenen Eigenschaften der Moorbildung verbessert werden. Zunächst geschieht dies durch die Abwässerung, sodann durch Vermischung des Bodens mit erdigen Bestandtheilen, insbesondere mit Kalk, weil dieser die freien Säuren bindet.

In den Heiden hat sich die Humusdecke gewöhnlich aus den Abfällen der Heiden, Nadelhölzer rc. rc. gebildet, und es enthält deßhalb dieselbe an sich keine dem Pflanzenwachsthum dienlichen Bestandtheile. Sofern jedoch der Boden gehörig riolt und mit dem mineralischen Untergrunde vermischt, oder auf leichte Weise demselben gute mineralische Erde von Außen zugeführt werden kann, wird derselbe in

Acker und namentlich in Weide mit Vortheil zu verwandeln sein. In diesem Falle muß er auch als bedingter, im anderen Fall aber als unbedingter Waldboden gelten.

Der Bruchboden

ist meistens älteren Ursprungs und weniger mit gemeiner Heide und Sumpfheide, als mit saueren Gräsern, Laub- und Torfmoosen bewachsen. Er trägt das Gepräge der vollsten Versumpfung, enthält eine Moorschicht von größerer oder geringerer Mächtigkeit, kommt mehr auf den Höhenländereien in Senkungen als in der Nähe der Flüsse vor, und hier nur da, wo Dämme oder Hügel (Dünen) eine Abscheidung bilden.

Die Brüche sind häufig da entstanden, wo vormals ein kräftiger Pflanzenwuchs war. Hier hat die erdige Schicht, auf welcher der Bruchboden ruht, eine humose fette Erdkrume von schwarzer Farbe, die sich scharf von dem unterliegenden hellgefärbten Sandlager abgrenzt. Unzweifelhaft stammt dieser Humusgehalt von den Pflanzen, welche den Boden bekleideten. Die sich hier noch vorfindenden Ueberreste von Pflanzen bekunden oft, daß vormals ein üppiger und reicher Pflanzenwuchs entfaltet und durch die jährlichen Abfälle eine kräftige humose Erdschicht geschaffen wurde. Dagegen findet sich zuweilen auf magerem Sande eine geringe kohlige Erdschicht, welche erkennen läßt, daß ursprünglich Nadelhölzer und die genügsame Heide geherrscht haben.

Mit der Versumpfung sind die sauren Gräser, neben diesen die Sumpfpflanzen und an einzelnen dichten und filzigen Partien die Heiden aufgetreten, welche durch deren Ueberreste noch Heute die Moormasse vermehren, da durch das vorhandene Wasser und die fäulnißwidrige Eigenschaft der Humussäure die Pflanzenreste nicht verwesen können.

Die Moormasse ist schlammig und zu Torf weniger brauchbar; dagegen enthält sie eine, von Moosschichten mehr oder weniger reine, kräftige stickstoffreiche Humuserde, welche, in passender Weise gehoben, sehr fruchtbar sein kann.

Die mineralischen Bestandtheile der Moormasse sind zwar unbedeutend, da diese nur aus dem Luftkreise zugeführt wurden; allein ein reichlicher Vorrath von Mineralstoffen ist in den pflanzlichen Resten, namentlich der ursprünglichen Pflanzendecke, erzeugt und aufgestapelt, welcher durch eine gute Zersetzung verfügbar wird.

Durch eine gute Abwässerung und Uebererdung kann die nöthige Festigkeit des Bodens und in reichlichem Maße löslicher Humus gewonnen werden; demnach kann sich die Verwandlung dieses Bodens in Wiese und Acker ergiebig erweisen.

Der Hochmoorboden

ist noch älteren Ursprungs, und man könnte bei der gleichen Entstehungsweise füglich diesen das alte und jenen Bruchboden das junge Hochmoorgebilde nennen.

Das Hochmoor trägt im großen Ganzen dieselbe einförmige Pflanzendecke, einerseits die Heiden, andererseits die Torfmoose. Es wachsen zwar hier und dort noch saure Gräser 2c. 2c., aber es sind die ersteren die herrschenden und zugleich diejenigen Gewächse, welche in ihrem geselligen Auftreten den Hochmoorboden sogleich kenntlich machen.

Der Hochmoorboden lagert meistentheils regelmäßig geschichtet. Wir finden in ihm pflanzliche Reste theils mehr oder weniger zerstört und zersetzt, theils noch deutlich erkennbar, sogar völlig bewahrt. Diese sind wesentlich aus Torfmoos entstanden und bilden die obere leichte, hellgefärbte Schicht, den Moostorf, jene stammen vorzüglich von den Heidearten her und bilden den unteren braunen Fasertorf. Unmittelbar auf dem humosen Sande lagert häufig noch eine schwarze, schlüpfrige, fast gar keine erkennbaren Pflanzenreste enthaltende Masse, welche als Torf die meiste Brennkraft besitzt und dem ursprünglichen üppigen Pflanzenwachsthum des Bodens, so wie auch dem hohen Alter des Moores zugeschrieben werden muß.

In dem tieferen und älteren Hochmoorboden kommen in der Regel alle 3 vorbezeichneten Torfschichten vor, wogegen in dem flacheren und jüngeren mehr Moostorf als Fasertorf sich findet.

Von der hauptsächlich sich wiederholenden Regelmäßigkeit der Schichtung machen die Moorränder eine Ausnahme, welche entweder die Beschaffenheit der Grünlandsmoore annehmen, oder auf Moostorf sich beschränken.

Die unteren Schichten, namentlich der schwarze Torf, bestehen größtentheils aus Humussäure, enthalten aber auch einige mineralische Nahrungsstoffe, wogegen dem Moostorfe diese Eigenschaften mehr oder weniger abgehen.

In der obersten Schicht der Hochmoore, überm Moostorfe, lagert eine Erdscholle, aus einer schwarzbraunen Humuserde bestehend, die sich durch die Verwesung der Heidekräuter und einiger anderen Pflanzen gebildet hat und der aus dem Luftkreise unbedeutende mineralische Bestandtheile zugeführt sind. Auf diese geringe Decke muß sich die Cultur der Hochmoore stützen. Sie bietet zwar reichlichen Humus, aber so sehr wenige nahrhafte mineralische Bestandtheile, daß die Wachsthumskraft schnell verzehrt wird. Dazu hat der Moorboden, selbst nach einer guten Abwässerung die nachtheilige Eigenschaft, daß er in der Nässe und beim Froste aufbläht, beim Austrocknen sich zusammenzieht, im Sommer bei anhaltender Trockenheit sogar berstet, daß die Pflanzen wegen seiner Lockerheit nicht fest genug in ihm wurzeln können, daß Pflanzen mit tiefgehender Wurzelbildung wegen des unter der geringen Erdscholle lagernden unfruchtbaren Moostorfes, sich nur unvollkommen entwickeln können, daß er seiner Schwammartigkeit rc. rc. wegen, leicht die Erdtheilchen versickern und eine gewisse Menge nährender Bestandtheile dadurch nutzlos verloren gehen läßt, daß endlich aus gleicher Ursache die Zufuhr erschwert ist.

Die wenigen Antheile an mineralischen Nahrungsstoffen lassen sich durch das Verbrennen der Erdscholle mehr vereinigen, beziehungsweise vermehren und mit den vorhandenen Humussäuren zu den manigfachen löslichen Salzen verbinden, welche den Culturpflanzen dienlich sind. So lange nun beim Brennen des Moors die Erdscholle lösliche Salze liefert, trägt der ausgesäete Same Frucht; aber nach wenigen Jahren sind alle Kräfte verzehrt und das Moor bedingt zur Wiedererzeugung der Erdscholle mindestens eine dreißigjährige Brache.

Die Uebererdung kann wesentlich zur Verbesserung des Hochmoorbodens gereichen, und um so gedeihlicher wirken, je mehr sie von den ihm fehlenden Bestandtheilen enthält. So wird die Wirkung des Lehms und Mergels, zumal wenn der Boden gleichzeitig gut gedüngt wird, stets ausgezeichnet sein. Geschieht aber die Uebererdung nicht in reichlichem Maße, so nimmt von Jahr zu Jahr die Ergiebigkeit ab, und vergleicht man schließlich die Kosten mit dem Gewinne, so wird man selten einträgliche Ergebnisse erlangen.

Zulässig, wenn auch noch kostbar, ist die Uebererdung da, wo die Torfmasse keine große Mächtigkeit hat und der sandige oder lehmige Untergrund durch's Riolen oder Auswerfen von Gräben gewonnen werden kann.

Erst wenn die Kultur durch Hinwegräumung der Torfmasse sich dem unterliegenden Grunde nähert, hört es auf kostspielig zu sein, den humosen Boden mit der mineralischen Erdkrume zu vermischen. In dem Untergrunde, wenn er auch nur aus Sand besteht, sind immer einige Basen und Salze abgelagert, welche zu den mineralischen Nahrungsstoffen der Culturpflanzen gehören. Der beim Torfstechen an die Seite geworfene Abraum enthält neben den mineralischen Bestandtheilen eine bedeutende Menge Hnmussäuren. Die Vermischung des Sandes mit dem Torfabraum giebt also für sich schon einen Boden, welcher manche Nahrungsstoffe enthält. Zugleich aber wird der Boden durch die Vermischung mit Sand 2c. 2c. natürlich verbessert, denn durch die Basen dieser mineralischen Bestandtheile wird der Humus oder vielmehr die Humussäure chemisch gebunden und die Verminderung derselben durch Zersetzung in Wasser und Kohlensäure verhindert. Ebenso gewinnt der Boden an Festigkeit und Standhaftigkeit. Dann giebt die Moorerde, vermöge ihrer schwammartigen Aufziehung und ihrer großen wasserhaltenden Kraft dem Boden die zu einem kräftigen Pflanzenwachsthum nothwendige Wassermenge. Auch wird, da die Oberfläche des Bodens gewöhnlich nicht sehr hoch über dem Stande des Grund- und Quellwassers liegt, durch die Haarröhrchenthätigkeit der lockeren Moorerde fortwährend im Sommer das Grundwasser bis zur Oberfläche hinaufgezogen und darin durch Verdunstung des Wassers der mit demselben verbunden gewesene Nahrungsstoff abgelagert.

Es ist dieser abgetorfte Grund in Holland und Ostfriesland auf den Fehncolonien zu einer Culturstufe gelangt, auf welcher er sich in seinem Ertrage kaum noch von dem Marschboden unterscheidet, sowie er im Vergleiche zu dem besten Geestlande weit größere Erträgnisse liefert, mit weniger Arbeit wegen der lockeren Bauerde zu bewirthschaften ist und auf die Dauer eine weit geringere Düngung gebraucht.

Aber nicht allenthalben wird man die in Holland und Ostfriesland gebräuchliche Fehncultur einführen können, besonders da nicht, wo der Anlage eines schiffbaren Canals Schwierigkeiten entgegentreten. Immerhin wird diese Verwandlung sowohl zu Acker als zur Weide und Wiese ersprießlich sein, sofern man Torfabsatz, Abwässerung und Dünger genug hat.

Eine dauernd lohnende Cultur der oberen Decke der Hochmoore kann dagegen nur immer in sehr beschränktem Maße stattfinden. Wir finden diesen Boden an werthvollen Mineralstoffen sehr arm, dagegen reich an Stickstoff, aber diesen in einer festgebundenen zunächst nutzlosen Form; also haben wir in chemischer Beziehung nicht nur die fehlenden Mineralstoffe zuzuführen, sondern auch den gebundenen Stickstoff zu lösen. Ist dieses schon eine schwierige Aufgabe, so sind obendarein die physikalischen Verhältnisse der Hochmoore zu überwinden. Die gar mannigfachen Verhältnisse erfordern dabei ganz besondere Sorgfalt und ein versuchsweises Vorgehen. Jedenfalls wird der Mensch der Natur noch sehr zu Hülfe kommen müssen, wenn die ausgedehnten öden Hochmoorflächen in Acker- und Wiesenfluren verwandelt werden sollen.

Gewöhnlich wird der Forstcultur das zugeschoben, was für die Landwirthschaft nicht dienlich ist, und man spricht deßhalb auch wohl schon das Hochmoor als unbedingten Waldboden an; allein große Aufwendungen kann die

Forstcultur mit ihrer Zinseszinsrechnung nicht aushalten; und werden die Uebelstände des Bodens nicht gehoben, so kann auf ihm der Waldbaum um so weniger gedeihen, da dieser vor allen anderen Gewächsen für seine ausgedehnte Wurzelbildung entsprechenden Wachsthumsraum bedarf, welchen die Erdscholle nicht bietet. Sobald die Wurzeln den Moostorf berühren, muß ein kümmerliches Wachsthum eintreten, besonders wenn der Moostorf arm an Beimischungen ist. Wir finden daher hier die genügsame Kiefer und Birke als Krüppelwuchs mit weit auslaufenden zu Tage tretenden Wurzeln. Wenn demnach zwar von einem unbedingten Waldboden nicht die Rede sein kann, so werden doch jedenfalls aus volkswirthschaftlichen Rücksichten staatsseitig Versuche zur Aufforstung dieser öden Gründe angebracht sein.

Außer diesen acht Hauptbodenarten giebt es vielfache Uebergangsarten von der einen zur anderen, sowie noch besondere Arten namentlich im Heidesandboden vorkommen; es liegt jedoch nicht in der Absicht dieser Schrift, die Einzelnheiten zu berühren.

Für die Verwandlungen der öden Gründe verdient noch besondere Beachtung

Der Untergrund.

Hierunter werden diejenigen Erdschichten verstanden, welche als Unterlage der tragbaren Erdkrume zu betrachten sind. Sehr vortheilhaft ist es immer, wenn die Tiefe der oberen Erdkrume recht bedeutend ist.

Eine flache Erdkrume ist zwar schnell feucht, sobald es regnet, aber auch wieder schnell trocken. Ferner können die Pflanzen in einer flachen Erdkrume nicht tief genug wurzeln, sie lagern sich leicht oder sterben ganz ab.

In einer tiefen Erdkrume leiden die Pflanzen weniger von der Ungunst der Witterung. Die überflüssige Feuchtigkeit kann tiefer versinken, und bei anhaltender Trockenheit wird die Feuchtigkeit länger anhalten. Eine tiefe Erdkrume gestattet den Anbau aller Gewächse, indem die Wurzeln in die Tiefe eindringen, sich auch mehr humose Theile aneignen können. Je tiefer die Erdkrume ist, desto größerer Wachsthumsraum steht den Pflanzenwurzeln zu Gebote, in welchem sie sich ausdehnen und Nahrung finden.

Den wichtigsten Einfluß auf den Feuchtigkeitszustand der Erdkrume hat unstreitig der Untergrund.

Der beste Untergrund ist immer der, welcher sich dem Eindringen des Wassers nicht wiedersetzt, dasselbe aber auch nicht zu schnell versickern läßt, oder derjenige, welcher die Fehler der Erdkrume durch entgegengesetzte Eigenschaften aufhebt.

Ein Untergrund heißt warm, wenn er durchlassend ist, während man ihn kalt nennt, sobald er dem Wasser keinen oder nur einen sehr beschränkten Abzug gestattet oder das Wasser lange anhält.

Das schlechte Wachsthum der Pflanzen auf kaltem Untergrunde liegt darin, daß sie ein Uebermaß Wasser und damit zugleich Salze, besonders die des Eisens, erhalten, sowie daß durch das Wasser die den Pflanzenwurzeln bedürftige Luft im Boden verdrängt wird.

Gewöhnlich enthält der Untergrund mehr im Wasser leicht lösliche Salze, sowie auch mehr Erden und Oxyde, als die Oberfläche, da das Regenwasser sie fortwährend aus der Oberfläche in die Tiefe spült und hier absetzt. Je nachdem nun das Grundwasser hoch oder niedrig steht, wirken diese Bestandtheile des Untergrundes auf die Fruchtbarkeit der flach- oder tiefwurzelnden Gewächse günstig, indem sich dieselben beim Austrocknen der Erdkrume durch die Haarröhrchenkraft mit dem Wasser bis zur Oberfläche erheben, und hier in sehr verdünnter Beschaffenheit den Pflanzen durch ihre Wurzeln zugänglich werden. Finden sich dagegen bei hochstehendem Grundwasser tiefwurzelnde Gewächse, so kommen diese mit den angesammelten, weniger verdünnten Salzlösungen des Untergrundes in Berührung, und müssen ausgehen, sobald sie eine gewisse Zeit den Wirkungen derselben ausgesetzt gewesen sind, mögen immerhin die Salze auch aus solchen Körpern bestehen, die zu Nahrungsmitteln dieser Pflanzen gehören.

Wenn eine Erdkrume auf sandigem Untergrund ruht, und wenn erstere ebenfalls aus Sand besteht, so ist der Boden im Allgemeinen schlecht und unfruchtbar, weil sich die Feuchtigkeit zu schnell in den Untergrund hinabzieht, wodurch die Erdkrume sehr leicht an Trockenheit leidet, und überhaupt nur solche Pflanzen mit Vortheil auf derselben angebaut werden können, welche die Trockenheit lieben. Besteht dagegen die Erdkrume aus thonigem Lehm, dann kann ein solcher Boden zu den besseren gerechnet werden, indem derselbe das Wasser nur langsam in den Untergrund abläßt; auch kann die Erdkrume wesentlich verbessert werden, wenn durch allmähliches Tiefpflügen der Untergrund mit der Erdkrume zu vermischen gesucht wird.

Den schlechtesten Untergrund liefert der Grand (Kies, eigentlich nur grober Sand); nicht allein, weil die tief mit ihren Wurzeln in den Boden dringenden Gewächse keine oder doch nur wenig Nahrung in ihm finden, sondern auch weil er das schnelle Versinken des Regenwassers mit allen darin aufgelösten Düngtheilen gestattet. Je näher der grandige Untergrund an die Oberfläche tritt, desto nachtheiliger ist er für den Boden.

Der Thon läßt nicht nur kein Wasser durch, sondern er widersetzt sich auch dem Eindringen der Pflanzenwurzeln. Besteht die Erdkrume aus Sand, der Untergrund aus Thon, so kann erstere leicht verbessert werden, wenn man sie mit dem Untergrund zu vermengen sucht, was durch Tiefpflügen bewerkstelligt werden kann.

Besteht die Oberfläche des Bodens aus Humus, so ist ein Untergrund erwünscht, der dem Durchgange des Wassers nicht sehr hinderlich ist oder dasselbe einsaugt, da der Humusboden dann nicht so leicht an Näſſe leidet. Ein sandiglehmiger Untergrund ist deßhalb für ihn immer der beste.

Der Marschboden hat gewöhnlich einen vorzüglichen Untergrund, da er bis zu einer angemessenen Tiefe dieselben vortrefflichen Bestandtheile enthält, aus welchen auch die obere Erdkrume besteht.

Am verderblichsten ist der Untergrund, welcher Ortstein enthält. Besonders ungünstig zeigt sich der Ortstein dem Pflanzenwachsthum da, wo er sich noch fortwährend bildet, indem dann das Wasser des Untergrundes immer viel kohlen- und humussaures Eisen in Lösung enthält, was leicht in die Pflanzenwurzeln übergeht. Diese Schicht hemmt das Wachsthum aller unserer Culturpflanzen, und es kann nur in einem Durchbrechen dieser Schicht Heil gefunden werden.

Außerdem läßt sich ein schlechter Untergrund zuweilen wohl noch verbessern.

Tritt der Untergrund nahe an die Oberfläche und macht er damit die Erdkrume zu seicht, so kann durchs Riolen und sehr tiefes Pflügen der Boden fruchtbarer werden, indem nicht nur die Erdkrume bereichert, sondern auch durch die tiefe Lockerheit mehr Feuchtigkeit aufgenommen und angehalten wird. Enthält der Untergrund Stoffe, welche im Uebermaß dem Pflanzenwachsthum nachtheilig werden können, so muß nicht auf einmal, sondern allmählig aus dem Untergrunde der Boden heraufgebracht werden. Dieser Boden ist häufig dadurch unfruchtbar, daß er sehr viel Eisenoxydul oder Eisensalze enthält; allein das Oxydul verwandelt sich durch Anziehung des Sauerstoffs der Luft in Oxyd und die Eisensalze werden bald ausgelaugt, so daß der Schaden nicht von Dauer ist. Auch kohliger Humus aus dem Untergrunde, mit der Luft in Berührung gebracht, liefert Humussäure und humussaure Salze, und wird deßhalb fruchtbar.

Läßt der Untergrund das Wasser zu leicht durch, so pflügt man Thon, Lehm oder Moorerde tief unter.

Enthält er zu viel Wasser und zu viele im Wasser leicht lösliche Salze; so zieht man Gräben, wodurch das Wasser sammt den Salzen abgeleitet wird.

Letzteres führt zu dem wichtigen Kapitel über:

Die Abwässerung.

Unter allen bei dem Pflanzenwachsthum mitwirkenden Ursachen ist das Wasser diejenige, auf welche der Mensch den größten Einfluß ausüben kann.

Eine Ueberfülle von Wasser verändert nicht allein auf eine dem Pflanzenwachsthum mehr oder weniger nachtheilige Weise die chemischen Bestandtheile des Bodens, sondern beschränkt auch in den von ihm erfüllten Raum das Eindringen der Luft und Wärme; während eine gehörige Feuchtigkeitsmenge auf das Pflanzenwachsthum eine sehr wohlthätige Wirkung äußert. Es muß deßhalb das Augenmerk darauf gerichtet sein: den Wasserzu- und Abfluß so zu leiten, daß zwar die schädliche Näße beseitigt wird, aber ein zuträgliches Maß an Feuchtigkeit erhalten bleibt.

Alle Niederschläge fließen entweder offen ab oder versickern oder verdunsten und kehren durch diesen letzteren Prozeß in den Luftkreis zurück, um von Neuem den ewigen Kreislauf der Befeuchtung der Erde zu beginnen.

Die versickernden Niederschläge dringen bis an eine undurchlassende Erdschicht, auf welcher sie fortgleiten bis sie als Quelle wieder zu Tage treten und entweder sich einen Abflußweg in den nächsten Fluß bahnen, oder eine Senkung auszufüllen sich bestreben. Im letzteren Falle entstehen Seen und Sümpfe (Moore), welche von Jahr zu Jahr mehr Wasser in sich aufnehmen und dadurch immer weiter sich ausdehnen.

In den unentwässerten Flußniederungen setzt das Wasser sich nicht nur überall in's Gleichgewicht, sondern noch, vermöge der Haarröhrchenkraft, über diesen Stand hinauf, dergestalt, daß diese Erhöhung eine Steigerung des Grundwassers in allem benachbarten Höhenlande zur Folge hat und die Verwässerungen um so größer werden, je weniger für den Abfluß geschieht.

Besonders hat der Moorboden in Folge seiner äußerst schwammartigen Natur das Bestreben, eine große Menge von Wasser aufzunehmen und hartnäckig festzuhalten. Ein Uebermaß von Wasser ist wohl für die Moorbildungen dienlich, aber für die Cultur im höchsten Grade verderblich, denn:

1. ein mit Wasser gesättigter Boden erwärmt sich sehr schwer, und wie wenig ein naßkalter Boden sich für die Cultur eignet, ist allbekannt;

2. ein wasserreicher Boden verschluckt alle löslichen Pflanzennährstoffe sehr schnell und verbreitet sie bis auf den festen Untergrund, vermindert also dadurch die Nahrung in der Ackerkrume;

3. ein zu hoher Wassergehalt des Bodens verhindert den Zutritt der Luft und damit die nöthige Zersetzung im Boden, während in demselben allerhand Verwandlungsvorgänge eintreten, welche die Bildung giftiger Verbindungen zur Folge haben, wie namentlich bei Luftabschluß aus den unschädlichen Eisenoxydverbindungen schädliche Eisenoxydulverbindungen gebildet werden;

4. ein weicher Boden, namentlich der Moorboden

quillt mit der Verwässerung auf und stört die Bewurzelung der Pflanzen;

5. der verwässerte Moorboden ist eher zu Frühjahrsfrösten geneigt, sowie die s. g. Verdunstungsfröste schädigen mögen.

Eine zweckmäßig geleitete Abwässerung hält dagegen in den feineren Poren genügende Feuchtigkeit zurück, um den Pflanzen das nöthige Wachsthumswasser zu liefern, und führt zur Festigkeit für die Bewurzelung der Pflanzen, während die Luft in den gröberen Poren ungehindert circuliren, die Zersetzung und Lösung der unaufgeschlossenen Pflanzennährstoffe vermitteln und die vorstehend bezeichneten schädlichen Vorgänge verhindern kann.

Hierdurch wird das Bedürfniß nachgewiesen sein, den Wasserzu- und abfluß in ein entsprechendes richtiges Verhältniß zu einander zu setzen.

Die zunächst nothwendige Culturmaßregel ist die Abwässerung, welche jeder anderen vorangehen muß, welche aber nicht als völlige Trockenlegung, sondern nur als Abführung des wirklich überflüssigen und schädlichen Wassers zu betrachten ist.

In den Flußniederungen setzt nicht selten die Wasserstandshöhe der Flüsse und Bäche Schranken, wogegen das hügelige Flachland meistens eine genügende Abwässerung erhalten kann.

Wenn eine Fläche abgewässert werden soll, so muß, um in aller Weise die erforderliche Gewißheit zu erhalten, eine genaue Ortsuntersuchung vorgenommen werden. Zur Erlangung eines Gesammtüberblicks über das Ganze und das Einzelne ist alsdann die abzuwässernde Fläche — mit den Fluß- und Bachläufen der Umgebung — geometrisch aufzunehmen und zu kartiren, sowie die Höhe des Bodens und des Wasserstandes abzuwägen und die Ergebnisse in die Karte einzutragen.

Nach festgestelltem Haupt- und Nebengefälle läßt sich der Abwässerungsplan entwerfen. Zunächst ist dem Hauptabwässerungszuge eine zweckmäßige Richtung zu geben. Diese wird gewöhnlich dahin gehen, wohin die abzuwässernde Fläche die größte Neigung hat, und derjenige Punkt, welcher an der Grenze derselben der tiefste ist, wird der Ausgangspunkt werden. Meistens finden sich alte, von der Natur gebildete Wasserzüge vor, welche die besten Wegweiser sind. Entscheidend ist dabei der Fluß oder Bach, in welchem der Hauptentwässerungsgraben einmünden kann. So viel als möglich wähle man die geradeste Richtung, weil diese die kürzeste ist, also weniger Land und Arbeit erfordert, und viel weniger Beschädigungen der Ufer zu befürchten sind, je gleichförmiger sich das Wasser bewegt.

Ferner muß man zur Bestimmung der Breite und Tiefe des Hauptabwässerungsgrabens die abfließende Wassermenge sowohl in trockener Jahreszeit, als nach starken Regengüssen oder Schneeabgängen zu ermitteln suchen.

Endlich ist die Untersuchung der Beschaffenheit des Bodens, namentlich in Rücksicht auf dessen Schichtung, Bestandtheile, Grundwasserstand, Wassereinsaugungsfähigkeit 2c. 2c., nothwendig, da hierdurch wesentlich die Art der Anfertigung der Wasserzüge, wie der ganze Abwässerungsplan bedingt wird.

Die richtige Anordnung der Wasserzüge ist von der größten Wichtigkeit.

Bei Abwässerungen muß man von vornherein darauf bedacht sein, die Versumpfung gründlich und dauernd zu vertilgen, aber den Culturflächen nicht zu sehr die ihnen nothwendige Bodenfeuchtigkeit zu entziehen, oder aber ihnen dieselbe durch Wasseranstauungswerke in gewissen Zeiten zu erhalten. Bei sandigem Untergrunde kann die zu starke Versenkung des Grundwassers mitunter sehr nachtheilig sein. Ueberhaupt erreichen die Pflanzen im Sommer, wenn das Wasser abgezogen ist und der Regen längere Zeit ausbleibt, nicht den Grad der Ausbildung, den sie bei einer entsprechenden Bodenfeuchtigkeit erlangt haben würden.

Es liefern erfahrungsmäßig die Weiden- und Wiesenländereien den höchsten Ertrag, wenn ihre Oberfläche etwa ½ Mtr. über den Stand des Grundwassers sich erhebt, während das Bauland am fruchtbarsten ist, wenn der Höhenunterschied etwa 1 Mtr. beträgt. Auch der Waldwuchs wird im Allgemeinen bei letzterem Wasserstandsverhältniß am gedeihlichsten sein, obschon einzelne Waldbäume mit ihren Wurzeln, namentlich bei magerem und lockerem Boden tiefer dringen. Dem entsprechend muß der Wasserspiegel in den Abzugsgräben geregelt werden.

Die vorbezeichneten Wasserstandsverhältnisse stützen sich hauptsächlich auf die in Holland gemachten Erfahrungen, woselbst sie sich Jahrhunderte hindurch bewährten, und es werden dieselben gewiß stets ausreichen, um dem festen Boden in entsprechendem Maße einerseits das überflüssige Wasser zu entziehen, andererseits durch die Haarröhrchenkraft das an der Oberfläche des Bodens verdunstende Wasser wieder zu ersetzen; allein wir haben unser Augenmerk auch auf weiche Bodenarten zu richten, und von diesen hat besonders der schwammartige Hochmoorboden eine so übermäßige Haarröhrchenkraft, daß mit dem bezeichneten Wasserstandsverhältniß die Entwässerung und die Durchlüftung der Moormasse nicht völlig erlangt werden kann. Die Erfahrungen in Holland sind auf abgetorften Gründen gemacht, und hier sind die Torfabfälle oder der Moorrückstand selten so bedeutend, daß der Wasserstand bei vorstehendem Höhenunterschied im Baulande das Moor erreicht. Nach unseren Erfahrungen hat sich für die Cultur der Hochmoore stets als günstig erwiesen, daß das Wasser in den Hauptabzügen nicht in dem Moore selbst steht, sondern etwa mit dem Stande des festen Untergrundes zusammenfällt. Bei tiefen Hochmooren ist das Auswerfen des Wasserzuges aus dem Sande allerdings lästig, allein für die Cultur um so nützlicher, je schwammartiger das Moor ist. Wenn nun auch durch die starke Haarröhrchenkraft ein Austrocknen der oberen Moorschichten nicht leicht einzutreten pflegt, so ist es doch für anhaltend trockene Sommerzeit angebracht, durch Stauanlagen nöthigenfalls den Wasserstand heben zu können. Bei Bruchboden ist diese Vorsichtsmaßregel im vorliegenden Falle meistens nothwendig, da dieser leicht und schnell austrocknet. Der Grünlandsmoorboden läßt in den Flußniederungen selten eine genügende Abwässerung zu; sobald diese aber möglich ist, will er wie der Bruchboden beachtet sein.

In den tiefsten Stellen des Längengefälls wird der Hauptabwässerungsgraben angelegt, und mit dem Seitengefälle werden die Nebengräben in möglichst spitzem Winkel in den Hauptgraben eingeleitet. Besondere Culturzwecke, namentlich im Hochmoore, können zwar empfehlen, die Nebengräben rechtwinklig in den Hauptgraben laufen zu lassen, jedoch sollte der rechte Winkel niemals überschritten werden, es sei denn, daß man dem abweichenden Gefälle folgen muß.

Das Grabennetz wird thunlichst regelmäßig angelegt, und wenn dadurch Quellen und sonstige Verwässerungen nicht getroffen werden, so pflegt man zum Abfangen bzw. Ableiten dieser besondere Nebengräben zu ziehen.

Je nachdem die abzuwässernde Fläche sich in die Breite ausdehnt, namentlich wenn das Seitengefälle von der Mitte nach beiden Seiten geht, können mehrere Abwässerungszüge gleichlaufend dem Hauptabwässerungszuge angelegt werden, welche in diesen einmünden; alsdann sind zuweilen keine weiteren Nebengräben nothwendig, sofern erstere nahe genug an einander zu liegen kommen, und nicht das Wasser besonderer Verwässerungen in sie eingeleitet werden muß.

Die Dichtheit des Grabennetzes richtet sich nach der Menge des abzuführenden Wassers, der Beschaffenheit des Bodens und dem Culturzwecke.

Im Moorlande, namentlich im Hochmoore, in dem das Grabennetz nicht dicht genug sein kann, werden noch Fanggräben nothwendig, welche nach Länge und Breite die einzelnen Felder dergestalt begrenzen, daß dadurch ein zweckmäßiger Betrieb erreicht wird.

Die Tiefe eines Grabens wird bedingt durch die Höhe des Bodens und die Wassermenge, welche der Graben fassen soll.

Je nach der Beschaffenheit des Bodens erfolgt aber mehr oder weniger leicht ein Seitendruck der Erde und ein Auswaschen der Grabenwände. Es ist deßhalb nöthig, die Ufer der Gräben schräg abzudachen, so daß also diese Abdachung oder Böschung mit der Sohle, d. h. dem Boden des Grabens, einen stumpfen Winkel bildet. Dies ist aber nicht nur bei sandigen Ufern nöthig, sondern auch bei Thon- und Lehmgrund. Obgleich letztere Erdarten anfänglich beim Ausgraben lothrecht stehen bleiben, so bersten doch, wenn die Luft die natürliche Feuchtigkeit des Thons und Lehms ausgesogen hat, die Ufer, oder die Erde theilt sich in Stücke und stürzt herab.

Bei nicht sehr tiefen Gräben, die im Moore angelegt werden, lassen sich die Grabenwände, zumal wenn das Moor ein recht filziges Gewebe besitzt und durch den Graben selbst ziemlich vollständig ausgetrocknet wird, meistens bei der ersten Anlage lothrecht ausführen, und in Hinsicht auf die Nutzbarmachung des Torfes ist dieses sehr praktisch. Mit der Zeit aber bilden sich Risse in den Seitenwänden und es rutschen größere Massen in die Gräben hinein. Da hauptsächlich durch die Abtrocknung das Moor fester und überhaupt dessen Zusammenhang sehr erhöht wird, so sucht man die Abtrocknung durch Anlage kleiner, rechtwinklig auf den Hauptgraben stehenden Seitengräben, wodurch möglichst alle Quellen abgefangen werden, auf das vollkommenste herbeizuführen. Tiefere Hauptgräben stelle man nicht auf einmal in der erforderlichen Breite und Tiefe her, sondern werfe dieselben — um stufenweise eine größere Festigkeit des Moores durch Abtrocknung zu erzeugen — mit der zunehmenden Haltbarkeit des Moores nach und nach in voller Ausdehnung heraus.

Wir werden später auf die Abwässerung des Hochmoores zurückkommen.

Im Allgemeinen wird man wohlthun, eine Böschung im Moor- und dichten Boden von 15—30 Cmtr., im lockeren Boden von 45 Cmtr. und wenn man gar große verheerende Wassermassen zu befürchten hat, 60—90 Cmtr. zu geben.

Wenn nicht Ortsverhältnisse eine Abweichung nöthig machen, so wird die Sohle der Gräben ebenso breit genommen, als die Tiefe beträgt, welche die Gräben erhalten sollen. Aus der Tiefe, Böschung und Sohlenbreite läßt sich alsdann die obere Breite der Gräben berechnen.

Es wird jederzeit angebracht sein, die Gräben etwas größer als nöthig zu machen, damit außergewöhnliches

Wasser von ihnen aufgenommen werden kann. Ferner müssen sie nach ihrem Ausflusse hin an Weite allmählich zunehmen, nach Maßgabe des nach und nach zunehmenden Wassers.

Die Gräben erfordern ein möglichst gleichmäßiges Gefälle.

Je größer die abzuführende Wassermasse ist, desto stärker entwickelt sich der Wasserdrang und um so schwächer muß das Gefälle namentlich im bindungslosen Boden sein, wenn nicht durch die Geschwindigkeit des Wassers die Sohle und die Ufer in Gefahr gerathen sollen. Ist das natürliche Gefälle stark und durch eine gleichmäßige Vertheilung desselben Letzteres zu befürchten, so muß der Graben von Strecke zu Strecke gebrochen werden, d. h. man führt ihn zur Bildung kleiner, gehörig zu schützender Wasserfälle, je nach der Größe der Entfernung, entweder wagerecht oder mit geringem Gefälle fort. Diese Verhältnisse kommen jedoch im Flachlande selten vor.

Gewöhnlich mag wohl in einer weit ausgedehnten flachen Gegend, wenn die Umstände es gebieten, ein Gefälle von 7000 : 1 entsprechen. Als ein nie zu starkes Gefälle hat sich das von 2000 : 1 herausgestellt; es darf aber unter Umständen, namentlich bei kleineren Gräben, auch noch ein etwas stärkeres gegeben werden, ohne ein Einreißen der Sohle und der Ufer gewärtigen zu müssen.

Den Nebengräben gibt man meistens ein so geringes Gefälle, daß man für Zeiten der Trockniß das Wasser in denselben durch Stauwerke ꝛc. ꝛc. halten kann. Man lege sie so an, daß sie in nassen Zeiten, namentlich im Frühjahr, Herbst und Winter das Wasser bis zu einer angemessenen Tiefe völlig ableiten, während man in trockenen Sommern das Wasser aus dem Hauptgraben in sie hineinstauen kann, wodurch eine dem Boden, namentlich dem Sandboden, sehr zuträgliche Befeuchtung bewirkt wird.

Wenn ausschließlich die Trockenlegung bezweckt wird, so sind die Nebengräben so anzulegen, daß sie möglichst starkes Gefälle erhalten und also auf dem niedrigsten Punkte einmünden.

In einem undurchlassenden naßkalten Boden kann ein so dichtes Grabennetz geboten sein, daß dadurch die Benutzung der Fläche beeinträchtigt wird. Alsdann empfiehlt sich, nur diejenigen Gräben, welche größere Wassermassen abführen müssen, offen zu halten, dagegen alle kleineren Gräben, namentlich aber die in das Nutzungsfeld zu ziehenden Fanggräben zu verdecken. Diese **verdeckten Gräben** haben zudem den ausgezeichneten Vortheil, daß sie nicht allein das Grund- und das überflüssige Tagewasser entfernen, sondern auch die Lüftung des Bodens ganz besonders vermitteln. Wie sehr günstig die Vermehrung des Umlaufs der Luft im Boden wirkt, erweist der sofort danach von selst eintretende bessere, reichlichere und kräftigere Pflanzenwuchs.

Die wirkungsreichste unterirdische Abwässerung des Bodens geschieht mittelst gebrannter Thonröhren (Drain-Röhren), allein im weichen Boden lassen sich die Röhren nicht ohne zusammenhängende Unterlage legen, und es ist deßhalb im Flachlande am gerathesten, Faschinen, Torf und Feldsteine in die Gräben zu legen.

Aus starkem Reisig macht man Faschinen, legt eine derselben auf die Sohle, zwei darüber und bringt darauf eine Lage Rasen.

Wohlfeil und gut ist die Ausfüllung der Gräben mit Torf. Die Gräben werden bis zu der nöthigen Tiefe so angefertigt, daß sie die Form eines Keils haben. Der

Torf wird ebenfalls in Keilform, der Form und Weite der Gräben entsprechend, aus der Erdscholle der Hochmoore gestochen oder aus Backtorf gepreßt, jedoch der Art, daß die Torfstücke, wenn sie in die Gräben eingesetzt werden, nicht bis zur Sohle derselben sinken können, sondern unter dem Torfeinsatz ein leerer Raum zur Abführung des abtröpfelnden Wassers von etwa 10 bis 15 Ctmr. Höhe bleibt. Der Raum über dem Torfe wird mit der ausgehobenen Erde ausgefüllt.

Die Feldsteine werden zur Ausfüllung auf die Weise angewendet, daß man auf die Sohle des Grabens die größten Steine legt und auf diese kleinere bis zu 15 Cmtr. Höhe schichtet. Darüber breitet man eine Schicht Rasen und füllt den Graben vollends mit der ausgeworfenen Erde aus.

Die Abwässerung des Hochmoores

erfordert noch besondere Rücksichtsnahme.

Die Anlage eines Hauptgrabens oder Canals kann nur in dem Maße geschehen, als das Moor zuvor durch Entwässerung dicht gelegt ist. Ohne diese Vorarbeit würde die gleichsam im Wasser schwimmende Moorerde stets von beiden Seilen her den ausgeworfenen Raum wieder zuschlammen.

Um die Trockenlegung des Moors zu bewirken, werden zuerst in der Richtung des Hauptwasserzuges drei gleichlaufende Gräben, jeden von 90 Cmtr. Breite und 70 Cmtr. Tiefe, 50 Mtr. von einander entfernt, angelegt, und diese Längengräben in Entfernungen von 25 Mtr. durch Quergräben von 60 Cmtr. Breite und Tiefe mit einander verbunden. Ist das Moor sehr schwammig und in treibendem Zustande, so müssen die Gräben im ersten Jahre minder breit und tief gemacht werden. Man läßt dann das Moor mehrere Jahre ruhen, und während dieser Ruhezeit werden, wenn ein Abtreiben und Einsacken der Grabenwände nicht zu befürchten steht, die Gräben jährlich ein- oder zweimal erweitert und vertieft. Dies wird so lange fortgesetzt, bis man auf festem Boden (Sand) geräth. Endlich werden noch zwischen den Längengräben, je nach der Beschaffenheit des Moors, die Quergräben vermehrt.

Die Zeit, binnen welcher der Hauptwasserzug in der Richtung des mittleren Längengrabens ausgeworfen werden kann, richtet sich nach der Beschaffenheit des Moors und schwankt zwischen zwei und zehn Jahren, läßt sich aber durch vergrößerten Kraft- und Geldaufwand nicht verkürzen.

Mit dem Auswerfen des Hauptwasserzuges fängt man gleichzeitig an, die einzelnen Moorfelder zu beiden Seiten desselben trocken zu legen, indem man kleine Längen- und Quergräben zur Abscheidung der Felder und Aecker zieht, letztere durch Umhacken und Abbrennen der obersten Heideschicht zum Buchwaizenbau geschickt macht, diese Brandkultur einige Jahre ausübt und damit jährlich die Gräben in obiger Weise aufräumt.

Soll die Oberfläche des Hochmoors bebaut werden, so brauchen zwar die Nebengräben nicht so tief ausgeworfen zu werden; allein bei Aufstauung des Grabenwassers in trockener Sommerzeit sind in dieser Beziehung keine Befürchtungen zu hegen, vielmehr wird der Anbau gesicherter sein, wenn sogar der feste Untergrund erreicht und auf die Oberfläche gefördert werden kann. Unter allen Umständen ist für die Cultur der Hochmoore ein dichtes Grabennetz erforderlich, da nur durch gehörige Durchlüftung des Bodens diesem einige Wachsthumskraft abzugewinnen steht.

Als vortheilhaft hat sich das Verhältniß bewährt, wonach die Aecker, Beete oder Dämme $^{5}/_{6}$ und die Gräben $^{1}/_{6}$ der Fläche einnehmen, oder je nach der Beschaffenheit des Moors die Dämme eine Breite von 5 bis 10 Mtr. und die Gräben eine Breite von 1 bis 2 Mtr. erhalten.

Hauptsächlich muß aber bei Hochmooren die Torfausbeutung und die Cultur des Untergrundes in Frage kommen, und für diese Benutzungsweise ist die gründlichste Abwässerung geboten.

Die Torfausbeutung

steht mit der Entwässerung des Moors in einem so engen Zusammenhange, daß wir diesem Abschnitte uns zunächst zuwenden.

Schon im Jahre 1865 betrug die Kohlenerzeugung im deutschen Zollvereingebiete 26,065,076 metrische Tonnen zu 1000 Kilogr.

Die Ausfuhr . .	2,604,310 Tonnen.
Die Einfuhr . .	828,628 Tonnen.
Mehrausfuhr . .	1,775,682 Tonnen.

Zieht man diese Mehrausfuhr von der Erzeugung ab, so bleiben 24,289,394 Tonnen als Verbrauch des Zollvereingebiets. Die Zunahme des jährlichen Kohlenverbrauchs in der Zeit vom 1860 bis 1865 war 8 Millionen Tonnen, und man kann rechnen, daß in der Zeit von 1865 bis 1876 durch die gesteigerte Betriebsamkeit und durch den Anschluß von Elsaß-Lothringen &c. der Verbrauch ganz bedeutend sich vermehrt hat und mindestens jetzt jährlich

30 Millionen Tonnen

beträgt.

Da von einer Nachhaltwirthschaft beim Abbau der Kohlenflötze nicht die Rede sein kann, so hat die geschilderte Fortschreitung etwas Beängstigendes, und jedenfalls gewinnt dadurch die Torfausbeutung eine immer größere Bedeutung.

Vor allen Dingen ist bei der Torfausbeutung das Hauptaugenmerk darauf zu richten, daß der Torf auf's zweckmäßigste und billigste gewonnen und fortgeschafft wird, und dies um so mehr, da er dadurch nur allein mit der Steinkohle wetteifern kann.

Von der größten Wichtigkeit

ist zunächst die Entwässerung des Moors. Alle kunstgerechten Handhabungen der Torfausbeutung beruhen fast ausschließlich auf einfacher Massenbewegung, und es ist einleuchtend, daß man um so günstiger arbeiten muß, je besser das zn verarbeitende Moor entwässert ist, oder je weniger Ballast an Wassermasse man mit zu bewegen hat. Jeder überflüssige Wassergehalt erhöht den Lohnsatz fast in geradem Verhältnisse zu seinem Belange. Ein Tagewerk Torf zu graben, kostet seinen bestimmten Preis, mag das Moor gut oder schlecht entwässert sein; aber im ersteren Falle bringt dasselbe viel mehr fertigen Torf aus, als im letzteren Falle, und der Nutzen aus der aufgewendeten Arbeit ist daher auch ein so viel größerer. Mit dem geringeren Wassergehalte vermindern sich nicht allein die Grabe- und Verfuhrkosten des Rohtorfs, sondern es verringern sich auch in demselben Maße die Trockenzeit, Trockenfläche und somit die Verfuhr-Entfernung für den fertigen Torf, während man zugleich um so länger im Jahre arbeiten kann, also um so weniger Verwaltungskosten hat, je gehaltreicher der Rohtorf verarbeitet wird.

Eine möglichst ausgedehnte und lange vorbereitete Entwässerung muß daher die Grundlage der Torfausbeutung sein. Bei dem jetzigen in Holland üblichen Verfahren werden aus dem Hauptwasserzuge auf je 200

Meter ein Seitengraben, und diesem entgegen von 10 zu 10 Meter Fanggräben gezogen. Gründlicher muß das Moor besacken, und bei großem Wassergehalt desselben jedenfalls vortheilhaft sein, wenn das Grabennetz noch enger, etwa auf die Hälfte der vorstehenden Entfernungen gelegt wird. Geschieht diese stärkere Zerschneidung der Moore sehr frühzeitig, so kann sie die Stichtorf-Gewinnuug, welche immer erst nach gründlicher Entwässerung des Moors beginnen sollte, in ihrer Leistung nur fördern.

Ein vortreffliches Mittel zur frühzeitigen Entwässerung der Moore bietet der Brandfruchtbau, welcher damit eine Torfgehalts-Anreicherung und obendrein eine gute Einnahmequelle gewährt.

Es ist schon augeführt, daß bei der Torfausbeutung die Massenbewegungen von wesentlichem Einfluß sind, und es ist daher wichtig, das die Verfuhr-Entfernungen sowohl für den Rohtorf, wie für den trockenen Torf auf das geringste Maß beschränkt werden. Besonders erheischt der schwere Rohtorf, zum Zwecke der Verdunstung seines Wassergehalts, daß er von dem Punkte, wo er gewachsen, nur auf die äußerst kleinsten Entfernungen fortbewegt wird.

Die seit einigen Jahren eingeführten wagerechten Seilförderungen liefern bezüglich der Massenbewegungen günstige Ergebnisse. Ob dies bei einer den Ort stetig verändernden Torf-Verarbeitung, welche immer genöthigt sein wird, das Machwerk über eine große Längenfläche zu vertheilen und dasselbe auch diesen Längenflächen entlang zur Versendung zu bringen, ohne Aufwendung besonderer und höherer Kosten, im großen Ganzen Anwendung finden kann, ist sehr zu bezweifeln.

Bis jetzt ist das bei der Stichtorfgräberei in Holland eingeführte Verfahren: „Das Graben in Schlag“ an

Zweckmäßigkeit noch nicht übertroffen. Dabei muß die Gewinnungsmenge eines abzubauenden Platzes sich in gewissen praktischen Grenzen bewegen, also über ein gewisses Maß nicht hinausgehen; jedenfalls bedingen starke Ausbeutungen eine zweckentsprechende Eintheilung. Diese ist darauf zu richten, daß möglichst eine Durchschnitts-Entfernung von 20 Meter nicht überschritten wird, da eine weitere Entfernung zu bedeutende Unkosten verursachen würde.

Es handelt sich ferner um die Fortschaffung des trockenen Torfs aus dem Moore an den Versendungspunkt. Mit Rücksicht darauf ist den Torffeldern, in der Voraussetzung, daß ein Abfuhrweg an jedem Torffelde der ganzen Länge entlang geführt wird, eine möglichst große Längenausdehnung zu geben, da mit Zunahme dieser die Breite und somit auch die Durchschnitts-Entfernung sich geringer gestaltet. In Holland pflegt die Breite der Torffelder (Plätze) gewöhnlich auf 200 Meter angelegt zu werden, jedoch würde eine weitere Einschränkung derselben zur Ersparung von Kraftaufwand führen und bei billiger Herstellung des Seitenabfuhrweges bis auf ein gewisses Maß, etwa auf die Hälfte, vortheilhaft sein.

Von dem Gesichtspunkte der Sparsamkeit aus ist bei dem vorliegenden Fortschaffungsentfernungen die einfache Verkarrung mit Laufdielen nützlicher als die Anwendung von Schienenbahnen; indessen bedient man sich, namentlich bei größeren Entfernungen, derselben, zumal bei feuchter Witterung die Verkarrung auf Moor größere Schwierigkeiten hat.

Von wesentlicher Bedeutung ist sodann die Torfausfuhrfrage bis an den Verbrauchspunkt. Für geringe Entfernungen mag wohl die Wagenversendung zulässig sein, bei Entfernungen über 1000 Meter wachsen aber die Kosten dieser in solchem Maße, daß sie sowohl auf Straßen, als besonders auf Erdwegen den ganzen Torf-Erlös verschlingen können. Da man nun in der Nähe der Moore selten genügenden Absatz findet, so wird man auf diese Ausfuhrweise um so weniger Bedacht nehmen dürfen, als das Gedeihen der Torfbetriebsamkeit auf die Benutzung aller wirksamen Bestandtheile, welche auf eine Ersparung von Kraftaufwand hinzielen, angewiesen ist.

Am geringsten sind die Verfuhrkosten bei größeren Entfernungen auf Eisenbahnen und auf Canälen. Zur weiteren Beurtheilung mögen nachfolgende unmittelbare Verfuhrkosten für die Tonne auf 1000 Meter dienen:

1. Auf den mit einer Lokomotive betriebenen Bahnen:. . . . . 0,0255 bis 0,0414 M.
2. Auf den mit Pferden betriebenen Bahnen: 0,0179 „
3. Auf einer horizontalen Bahn mit Lokomotive, auf der die Wagen leer zurückkommen: . . . . 0,0483 „
4. Auf einer selbstwirkenden Bahn (wagerechte Seilförderung): . . . . 0,0333 „
5. Auf einer geneigten Fläche mittelst stehender Maschinen: . . . . 0,2019 „
6. Auf Canälen: . . . . 0,0120 bis 0,0243 „

Also stellen sich, obgeich die Schiffskosten in diesen Ergebnissen mit inbegriffen sind, wenn man auch die Wagenkosten von den Fahrtkosten auf den Eisenbahnen trennt, bei den Canälen die Kosten doch noch etwas geringer, als bei den Eisenbahnen heraus. Zudem sind die Unterhaltungs- und die allgemeinen Kosten auch ein wenig geringer, als bei den Eisenbahnen.

Mit diesem Vortheil ist zugleich unverkennbar, daß

Canäle nicht allein die Grundpfeiler der höchst wichtigen Moorentwässerung, sondern auch die Triebkraft zur Förderung der Moorcultur im Ganzen sind, indem sie auf die bequemste und billigste Weise sowohl die Versendung des Torfs und der Erzeugnisse des Landbaues ꝛc., als auch die Zufuhr der erforderlichen Bedürfnisse erleichtern, nicht minder eine zweckmäßige Ent- und Bewässerung des abgetorften Grundes ermöglichen.

Die holländische Fehncultur würde sich nie zu der thatsächlichen großartigen Bedeutung und Blüthe haben emporschwingen können, wenn sie nicht durch ein ausgezeichnetes und in seiner Art einzig dastehendes Canalisirungs-System unterstützt worden wäre. Wenn nun auch die besonderen Vorzüge Hollands in dieser Beziehung nicht abzuringen sind, so möchte doch vielerseits in den von der Natur mit Torfablagerungen bedachten Flachländern sich Gelegenheit bieten, diesem Vorbilde, den Verhältnissen entsprechend, mehr oder weniger nachzuahmen.

Der Hauptcanal muß ein möglichst großes Absatzfeld aufschließen, für die Schifffahrt genügend weit sein und den erforderlichen Wasserstand bewahren, nicht minder der Ent- und Bewässerung förderlich sein.

Je größer das Absatzfeld, desto bedeutungsvoller die Ausbeutung und desto ergiebiger die Fehncultur. — Wassermangel erlahmt den Betrieb und geringe Fahrweite erfordert bedeutenden Kraftaufwand. Letzteres findet sich besonders auf den Moorkolonien im Bremenschen bestätigt, wo allerdings die kleinen Schiffsgräben sehr geringe Kosten verursacht haben, aber auch der Wassertransport darauf erheblich kostspielig ist und zu einem bedeutenden Verluste an Arbeitskraft führt. — Die Höhe des Canalspiegels ist für den Ober- und Untergrund von Bedeutung, indem sie für jenen zur Erreichung einer vollständigen Entwässerung ganz unterhalb, für diesen so tief liegen muß, daß zwar das überflüssige Wasser Abfluß hat, zugleich aber die Bodenfeuchtigkeit in entsprechendem Maße erhalten bleibt.

Ein Canal ist aber im Moore der Verfuhrentfernungen wegen unzureichend. Es ist schon oben vorausgesetzt, daß an jedem Torffelde der ganzen Länge entlang ein Abfuhrweg geschaffen werden muß, und nachgewiesen, daß eine möglichste Längenausdehnung der Torffelder zur Ersparung von Kraftaufwand führt. Da nun die Wasserstraße den vortheilhaftesten Abfuhrweg bildet, so lasse man den Hauptcanal in einer zweckmäßig gewählten Hauptrichtung das Moor durchschneiden und mache möglichst unter rechtem Winkel aus demselben in der erforderlichen Entfernung Seitencanäle, denen man eine geringere Breite und Tiefe, für die Fahrbarkeit eines Schiffes berechnet, zu geben braucht. Für diese Canalisirung sind nach Ausdehnung des Moores verschiedene Systeme, die eine mehr oder weniger leichte Verbindung für das Ganze erzielen.

Das Wohl der holländischen Torfbetriebsamkeit beruht hauptsächlich auf ein dichtes Canalisirungsnetz. In Ostfriesland unterbleibt die Anlage der Seitencanäle aus dem Grunde, weil die Fehnherren den ohnehin schon von vornherein zu stark belasteten Colonisten damit bebürden. Im Bremenschen wird bei dem Kleinhandel eine solche Anlage überhaupt nicht gewürdigt.

Die Kosten der holländischen Entwässerungs- und Verbindungs-Wirthschaft sind pro Hektar folgende:

1. Für Entwässerungs-Gräben: . . . . . . 51,3 M.
2. Für Seiten-Canäle: . . . . 256,5 „

Mit Einrechnung der langjährigen Zinsenverluste wird aber der Betrag sub N. 1 und 2 zusammen sich erhöhen auf 461,7 M.

3. Für Ankauf des Torffeldes, Anlage der Hauptcanäle und hierauf fallende Zinsenverluste durchschnittlich . . . . . = 342 M.

Die Kosten der holländischen Stichtorfgräberei pro Tagewerk von 12500 Stück Torfsoden = 8750 Kilogr. in lufttrockenem Zustande, betragen:

1. 1 Tagewerk Rohtorf zu graben und zu verfahren: . . . . =	13,68	„
2. Alle übrigen Haupt- und Nebenlöhne bis zur Verladung in's Schiff:	6,84	„
3. Verwaltung und Aufsicht:	3,42	„
4. Tilgung des Grundwerths:	3,42	„
Im Ganzen	27,36	„
1000 Kilo also	3,12	„

Da dieses Durchschnittsbeträge sind, so arbeiten Fehnereien sowohl günstiger als ungünstiger.

Man sollte annehmen, daß kein Verfahren im Stande wäre, den Torf so billig zu liefern, als die in praktischer Weise durchgeführte Stichtorfgewinnung. Gleichwohl muß man sich davon überzeugen, daß im großen Ganzen der Torf nicht mehr unter allen Umständen an die Verbrauchspunkte zu einem Preise geliefert werden kann, welcher den Verzehrenden abhält, statt seiner Steinkohle zu brennen, daß insbesondere dieses Gewinnungs-Verfahren nicht das leistet, was nach dem heutigen Stande der Technik verlangt wird. Es muß daher das Augenmerk darauf gerichtet werden, den Torf mit einer größeren Dichtigkeit und Gleichmäßigkeit zu einem Preise zu erzielen, daß er den Wetteifer mit der Steinkohle die Spitze bieten kann. Dazu ist aber nur die maschinale Verarbeitung berufen.

Abgesehen von den Schwindeleien, so entsprechen überhaupt die bisher erfundenen und theilweise in Ausführung gebrachten Verarbeitungs-Systeme wenig oder gar nicht dem neuren Ziele. Die Methoden von Challeton in Frankreich, Gwyinne und Longbottom in England, Schenck in Schweinsberg, Leo in Schwarzburg-Rudolstadt ꝛc. ꝛc. bewegen sich nicht in der technischen Einfachheit und vernunftmäßigen Kraftnutzung, beruhen theilweise auf Mißkenntniß der Natur des Torfs und würden deßhalb im großen Ganzen an der praktischen Ausführbarkeit scheitern müssen.

Dagegen glauben wir, daß der Ingenieur Welkner in Loxstedt bei Geestemünde ein Verfahren sich gebildet und praktisch durchgeführt hat, bei dem die in Betracht kommenden Grundsätze eine gesunde Würdigung erkennen lassen, und welches insbesondere von dem durch die neusten Erfahrungen genügend bestätigten Satze ausgeht, daß die einfachste Maschinen-Torf-Ziegelung allein im Stande ist, neben einer ausgezeichneten Beschaffenheit auch das möglichst billige Erzeugniß zu liefern. Welkner wendet den durch den Fabrikanten Schlickeysen in Berlin verbesserten, stehenden Thon-Cylinder mit schraubenförmiger Messerwelle an; dieser verursacht wegen seiner bedeutenden Leistungsfähigkeit — er macht und formt gleichzeitig — nur geringe Betriebskosten, die Anschaffungskosten sind sehr gering, und der Rohtorf erleidet in dem Apparate eine Aufbereitung, welche genügt, um auch aus dem leichtesten oder jüngsten Torfe ein vollständig dichtes Brennmaterial zu schaffen. Da die Pressung nicht so weit geht, daß ein Ueberschuß von Wasser dabei entfernt würde, so wird möglichst gehaltreicher Rohtorf zu verarbeiten gesucht. Zu dem Zwecke wird das abzubauende Moor auf das gründlichste entwässert und der Art in kleine Felder, oder langgestreckte schmale Bänke zerlegt, daß die Zusammensackung binnen kurzer Zeit und bis auf den gewünschten Grad vor sich gehen kann. Der festgestellte Betrieb vermittelt einen gemeinschaftlichen dauerhaften Schienenweg, welcher die höchst erreichbare Kraftnutzungs-Wirkung zuläßt: die Verbindung der Rohtorf-Gräberei mit der Torfpresse. Ein dauerhaftes kleines Schienen-Netz übernimmt die Vertheilung der Torfziegel in den Trocken-Anlagen. Diese beruhen auf ein Lufttrockungs-System auf freier Erde und in Hürden oder Gerüsten. Dabei ist Alles auf eine richtig durchdachte und ausgeführte Einrichtung gegründet. Die durchschnittlichen Verarbeitungskosten berechnet Wellner pro 1000 Kilo lufttrockenen Torf auf

2,04 M.

Also ein wesentlich geringerer Preis, als die Stichtorfgräberei erzielt. Betrachtet man dabei das Erzeugniß, so muß man anerkennen, das dasselbe den neuren Anforderungen ziemlich entspricht.

Im Uebrigen verweisen wir auf unser Werk: Moorwirthschaft und Fehncolonien von F. von Bodungen, Förster, bei Fr. Brecke. Hanover, 1861.

Die Ueberschwemmungen oder Ueberstauungen

empfehlen sich nach vorangegangener genügender Trockenlegung für alle Bodenarten im Flachlande.

Die Ursachen der größeren oder geringeren Ertragsfähigkeit der in den Flußniederungen vorkommenden Wiesen zeigen den außerordentlichen Antheil, welchen die Ueberschwemmungen an den natürlichen Ertrag überhaupt haben, und geben die Regeln an die Hand, welche bei einer solchen einfachen und natürlichen Bewässerung befolgt werden müssen.

Diese sind:

1. Die Ueberschwemmung muß mit möglichst fruchtbarem Wasser bewirkt werden, von hinreichender Dauer sein und in der geeigneten Jahreszeit stattfinden;
2. Das Wasser muß nach beendeter Bewässerung rasch und vollständig wieder abgeleitet werden können;
3. Die zu bewässernden Grundstücke müssen während der Wachsthumszeit denjenigen Feuchtigkeitszustand besitzen, welcher dem Graswuchs am förderlichsten ist.

Bezüglich der Bewässerungs-Anlage ist noch Folgendes zu bemerken:

Die zu bewässernde Fläche muß nicht allein mit größeren und kleineren Abwässerungsgräben reichlich versehen werden, sondern sie muß auch durch Umfassungsgräben und Dämme von dem benachbarten Höhen- und Niederungslande abgeschieden werden. Letzteres besonders deßhalb, damit das zur Ueberstauung der Fläche zugeleitete Flußwasser von anderem, namentlich von dem schlechten moorigen Wasser, welches der Fläche zufließt, nicht verdrängt oder in seiner Wirksamkeit geschwächt wird.

Sollten durch die Abwässerung Grundstücke zu trocken gelegt werden, so ist dem zu begegnen. Das regelmäßige Eintreten der Wirkung der Bewässerung wird überhaupt ungemein gesichert, wenn der Boden, bei eintretender Sommerdürre, erforderlichen Falls, angefeuchtet werden kann, so daß derselbe stets den Feuchtigkeitszustand bewahrt, welcher dem Graswuchse am günstigsten ist. Zu dieser Anfeuchtung können dieselben Anlagen dienen, welche erforderlich sind, um die Wiesen nach beendigter Ueberstauung rasch und vollständig trocken zu legen und im Laufe des Sommers gegen Nässe zu bewahren. Vermöge dieser in Zusammenhang stehenden Abwässerungsgräben wird die Anfeuchtung des Bodens nach Bedürfniß bewirkt, sobald durch den Zuleitungsgraben soviel Wasser aus dem Flusse in die anzufeuchtende Fläche eingelassen werden kann, als erforderlich ist. Wird in dem Falle die Stauschleuße, welche im Zuleitungsgraben liegt, zugeschüttet, so fließt das Wasser in den vor dem Staudamm belegenen Abwässerungsgraben und tritt vermittelst Kastenschleußen, welche in den Staudamm gelegt werden, in die Abwässerungsgräben der unterliegenden anzufeuchtenden Fläche. Werden diese Abwässerungsgräben an geeigneten Stellen zugesetzt, so füllen sich dieselben bis zur erforderlichen Höhe mit Wasser an und bewirken die Anfeuchtung der anliegenden Wiesen. Eine derartige unterirdische Bewässerung ist in heißen und trockenen Jahrgängen von großem Nutzen. Noch bedeutender wird dieser sich herausstellen, wenn die unterirdische Bewässerung durch Anlage verdeckter Gräben oder Drain-Röhren in der anzufeuchtenden Fläche vollständig verbreitet werden kann.

Von dieser Bewässerungs-Methode gibt der Landes-Oeconomierath Professor Dr. Sprengel zu Regenwalde in seinem Werke über Urbarmachungen und Grundverbesserungen nachfolgende treffende Beschreibung:

„Liegen, wie es nicht selten der Fall ist, an Flüssen, die zu gewissen Jahreszeiten viele Schlammtheile in Suspension (im Wasser schwebend) halten, niedrige, nasse oder moorige, ein saures kraftloses Futter liefernde Wiesen oder Weiden, so lassen sich dieselben auf eine sehr leichte Art ganz außerordentlich dadurch verbessern, daß man das Flußwasser, sobald es Schlammtheile mit sich führt, darüber stauet und es hinter aufgeworfenen Dämmen hier so lange verweilen läßt, bis sich alle Schlammtheile daraus zu Boden gesenkt haben. Diese Operation, welche das Aufschlicken oder Aufschlammen genannt wird (die künstliche Bildung der Alluvion) und welche man willkürlich bald in dieser bald in jener Jahreszeit vornehmen kann, findet in vielen Ländern ihre Anwendung, namentlich hat man dadurch in England (in neuerer Zeit auch an der unteren Schelde in Belgien und am Ganges in Ostindien) große Flächen schlechter sumpfiger Wiesengründe und mageren Sand- und Heidebodens in die allerfruchtbarsten Felder, Wiesen und Weiden verwandelt. In Norddeutschland kommen die größten und schönsten Aufschlickungsanlagen in Ostfriesland an der Leda vor und in dem Herzogthume Braunschweig befindet sich am Leineflusse bei Greene eine Anlage der Art, die gleichfalls viele Anerkennung verdient, auch die jährlich, mittelst Canälen, Schleußen und Dämmen hervorgebrachten Ueberschwemmungen des Nils in Egypten sind nichts weiter als sehr große Aufschlickungsanlagen.

„Ein jeder Boden wird zwar durch die Aufschlickung verbessert, am meisten nützt sie jedoch den leichten sandigen bruch= und torfartigen Bodenarten, die tiefen nassen Gründe werden, wenn man die Aufschlickung oft wiederholt, dadurch bedeutend erhöhet und folglich auch trockner, ja es sind viele Beispiele vorhanden, daß sich binnen wenigen Jahren eine Schlammschicht absetzte, welche die Stärke von 12 Zoll (30 Centimeter) und darüber hatte.

„Die nassen Gründe werden auch, wenn sie durch die Aufschlickung bedeutend erhöht sind, am vortheilhaftesten zum Grasbau benutzt, während die hohen trockenen Bodenarten sich mit größerem Nutzen zum Getreidebau verwenden lassen.

„Natürlich hängt die Wirkung der Aufschlickung stets von den Stoffen ab, welche das Wasser, sobald es in Ruhe kommt, fallen läßt, weshalb denn auch alle Flüsse, die aus gut angebauten Landstrichen mit Mergel- und Lehmboden kommen, einen bei weitem fruchtbareren Schlamm absetzen, als Flüsse, welche nur magere Sandgegenden durchfließen. Es kömmt dabei indeß nicht allein auf die Körper an, welche das Flußwasser in Suspension hält, sondern auch auf diejenigen Stoffe, welche es im aufgelösten Zustande besitzt, zu welchen letzteren namentlich das Kochsalz, der Gyps und das Ammoniak und Kalisalze gehören. Das Wasser zieht nämlich mit den in Lösung haltenden Körpern in den Boden und versorgt denselben dadurch mit vielen Pflanzen-Nahrungsmitteln.

„Die Ländereien, welche man beschlicken will, werden mit 3 bis 4 Fuß (0,90 bis 1,20 Meter) hohen Dämmen umgeben und mit Einlässen und Auslässen, vor welchen man Schleußen anbringt, versehen. Die Dämme, deren Kappen völlig horizontal sein müssen, fertigt man von der Erde an, die aus den dahinter angelegten Entwässerungsgräben genommen wird. Ist der Boden sehr abhängig, so dürfen nicht zu große Räume umwallet werden, da sonst das Wasser an der einen Stelle sehr hoch, und an der andern sehr flach zu stehen kommen würde, was dann, der kostbareren Ausführung der Dämme nicht zu gedenken, zur Folge hat, daß der Schlammabsatz nicht gleichmäßig geschieht, indem der Schlamm im Wasser sich überall gleich vertheilt befindet.

„Die Zeit, in welcher sich der Schlamm gänzlich aus dem Wasser absetzt, hängt immer von der Feinheit seiner Theile ab, je feiner dieselben sind, desto länger dauert es, oft vergehen nur einige Tage, oft aber auch Wochen darauf hin; der zuletzt sich absetzende Schlamm ist übrigens immer der beste, indem darunter die fruchtbarsten Stoffe befindlich sind. Man muß sich daher mit dem Ablassen des Wassers nicht übereilen, wenn man den größten Nutzen von der Aufschlickung haben will.

„Das Ablassen des Wassers muß ganz allmählig geschehen, damit dasselbe in keine zu heftige Bewegung gerathe, denn dadurch würde der Schlamm wieder aufgewühlt und fortgespült werden.

„Ueberschlickt man Wiesen, die ferner noch gemäht werden sollen, so darf der Schlamm zur Zeit nur einen halben Zoll dick darauf zu liegen kommen, zumal wenn derselbe sehr tonig ist, weil sonst, wenn die Schlammdecke dicker ist, eine Erstickung der Grasnarbe stattfindet. Bei der Dicke eines halben Zolles durchbrechen aber die Gräser nicht allein den Schlamm, sondern werden auch durch selbigen verjüngt, indem sie neue Seitentriebe und Wurzeln darin schlagen.

„Die Ueberschlickung der Wiesen bewirkt am besten die Vertilgung der Würmer, Insecten, Maulwürfe u. s. w

Die etwa vorhandenen kleinen Unebenheiten werden allmählich dadurch ausgeglichen, ja eine von Zeit zu Zeit überschlickte Wiese wird so glatt und eben, daß das Gras so dicht an der Erde abgemäht werden kann, als es nur immer der Wurzelstock der Pflanzen erlaubt.

„Die Ueberstauung gewährt außerdem noch manche Vortheile, zu diesen gehören vornehmlich:

1. Die Pflanzen sind gegen die Einwirkung der Kälte geschützt, während sie im Winter unter Wasser stehen;
2. Durch den Druck des Wassers wird der lose Boden fest, weshalb das Ueberstauen auch vorzüglich dem losen moorigen Boden nützt;
3. Es verschwinden darnach alle Moose und Flechten (die Heide vergeht und es tritt an deren Stelle Gras und Klee), sowie alle anderen schädlichen Wiesenpflanzen, und
4. erfordert die Anlage zum Ueberstauen keinen großen Kostenaufwand.

„Soll diese Bewässerungsmethode die besten Dienste leisten, so ist auch erforderlich, daß der Wiesengrund eine ziemlich wagerechte Oberfläche oder doch keinen bedeutenden Fall habe, denn bei starkem Gefälle kann nur mittelst hoch aufgeworfener Dämme eine bedeutende Fläche unter Wasser gesetzt werden, wobei aber immer der Uebelstand eintritt, daß das Wasser vor dem Damme sehr hoch steht, während es weiter aufwärts zu den Boden nur eben bedeckt. Große Erhabenheit soll keine gute Wiese haben und folglich auch diejenige nicht, auf welche man das Ueberstauen anzuwenden denkt, sie müssen deshalb abgetragen und in die Vertiefungen gebracht werden, oder können dazu dienen, um damit die Wiese zu umwallen, fehlt aber die Erde zur Umwallung, so wird dieselbe mit einem Graben umgeben und die daraus genommene Erde zu dem Damme benutzt; der Graben dient dann gleichzeitig zur Entwässerung.

„Damit das Wasser sich nicht nur schnell über die Wiese verbreite, sondern auch der Boden, nachdem dasselbe aus der Bewallung abgelassen ist, bald wieder trocken werde, muß der Wiesengrund mit Gräben und Grüppen (kleine Gräben) durchschnitten sein.

„Man wendet das Uberstauen nicht nur im Winter, sondern auch im Frühjahr und mitten im Sommer nach der Heuernte an, natürlich darf man dann in dieser Jahreszeit die Wiesen nur 12 bis 24 Stunden unter Wasser setzen.

„Ebensowenig ist das Ueberstauen vorzunehmen, wenn das Gras schon ziemlich herangewachsen ist, weil hierbei die Blätter mit Schlamm überdeckt werden."

Die Berieselung oder der Kunstbau der Wiesen

kann für das Flachland nie die Bedeutung gewinnen, welche das vorbeschriebene einfache und natürliche Bewässerungsverfahren der Ueberstauung mit Sicherheit in Aussicht stellt.

Die Anwendbarkeit der Kunstwiesen im Flachlande ist überhaupt auf enge Grenzen gesetzt.

Das Flußwasser kann selten zu der Zeit, in welcher die Berieselung am wirksamsten ist, sondern gewöhnlich nur bei Hochwasser benutzt werden, und in diesem Falle wird das zugeleitete schlammige Wasser durch seinen Niederschlag das Gras zum Viehfutter unbrauchbar machen und die Gräben mit Schlamm anfüllen.

Das Moorwasser ist ohne künstliche Verbesserung wenig fruchtbar und vermehrt die Säure und Kälte im Boden, kann also dem Pflanzenwachsthum nicht sehr förderlich sein.

Nur das Quell- und Regenwasser, namentlich aus cultivirten Feldern kommend, wird eine gewisse günstige Wirkung nicht versagen.

Die chemische Untersuchung des Wassers giebt nicht immer die nöthigen Aufschlüsse; es empfiehlt sich deßhalb vor Beginn von größeren Anlagen das Wasser in seiner Wirkung im Kleinen zu versuchen.

Der Boden besteht gewöhnlich auf der Höhe aus feinkörnigem Sand, in den Niederungen aus Moor, und da diese beiden Bodenarten eine große Fähigkeit haben Feuchtigkeit aus der Luft, aus dem Untergrunde und von allen Seiten aufzusaugen, so erzeugt sich in ihnen, namentlich auf einem Untergrunde mit hochstehendem Grundwasser, sofort Säure, wenn überflüssige Feuchtigkeit dauernd mit ihnen in Verbindung bleibt, und sie sind daher zur Anlage von Kunstwiesen überhaupt nicht geeignet.

Stehen grobkörnige Sand- und magere Moorbodenarten auf gleichartigem Untergrunde, so kann deßhalb die Anlage einer Bewässerung zu widerrathen sein, weil das zugeleitete Wasser dergestalt im Untergrunde ohne Wirkung versinken und verschwinden wird, daß die ganze Anlage wenig oder keinen Erfolg haben kann.

Dagegen wird der Marsch- und Angerboden, sowie jeder bindige Boden auf durchlassendem Untergrunde zur Kunstwiese sich eignen.

Landwirthschaftliche Verwandlungen sind aber nur dann wahre Verbesserungen, wenn das Verhältniß der Kosten zu dem Ertrage ein günstiges ist. Da die Kosten der Anlage einer Kunstwiese sich selten unter 600 Mark für den Hektar belaufen werden und davon die Zinsen mit der Unterhaltung jährlich 60 Mark betragen, so fragt sich, ob ein Ertrag in Aussicht steht, welcher diese Auflage mit den Gewinnungskosten tragen und dabei eine entsprechende Bodenrente sichern kann. Bei genauer Prüfung der Verhältnisse werden immer nur die zu Bewässerungsanlagen sich eignenden vorbezeichneten Bodenarten ein günstiges Ergebniß liefern, aber auch nur bei guter Bewässerung und öfterer Düngung.

Das natürliche Bewässerungsverfahren der Ueberstauung stellt sich weit günstiger: denn die Anlage- und

Unterhaltungskosten belaufen sich nur auf $^{1}/_{8}$ des Betrages der Kunstwiesen; der Boden versauert nicht, da er nach der Ueberstauung völlig trocken liegt und zur Sommerzeit dem Zutritt der Luft ausgesetzt ist; derselbe erhält aber auch gleichzeitig in entsprechender Weise Feuchtigkeit, das wesentlichste Bedürfniß des Pflanzenwachsthums; er wird durch die Ablagerung der Schlammtheile wesentlich mehr bereichert; die Wiesen liefern bessere Gräser im dichteren Stande, weil der Boden kräftiger und tiefgründiger sich gestaltet; dieselben brauchen, sofern das Flußwasser gute Schlammtheile führt, nicht gedüngt zu werden; die Gräben verschlammen weniger, weil das Wasser zuerst auf der Wiese langsam und später nach erfolgtem Niederschlage in den Gräben abfließt; die Weide mit Pferden oder Hornvieh ist zulässiger, weil dieselbe der einfachen Anlage keine große Benachtheiligung zufügen kann.

Sowohl bei der Ueberstauung als bei der Ueberrieselung sind folgende Zwecke in möglichster Vollkommenheit zu erreichen:

Die zur Bewässerung einer Wiese nöthige Wassermenge auf die höchsten Theile derselben hinzuführen; von diesem höheren Theile das Wasser in möglichst gleicher Menge und Güte nach allen Theilen der Wiese zu verbreiten; die bewässerte Fläche in kurzer Zeit gänzlich trocken zu legen.

Im Lüneburgschen hat man in der Kunst, Berieselungswiesen anzulegen, große Fortschritte gemacht, und deßhalb wollen wir das hier befolgte Verfahren vorzugsweise beleuchten.

Je nach dem die dazu bestimmte Länderei günstig oder ungünstig ist, wird der Ueberrieselungsbau leicht oder schwierig sein. Der Zweck ist dabei: Das Wasser zur

Befeuchtung und Befruchtung in einer gleichmäßig dünnen, ruhig, aber sichtbar sich bewegenden Wasserschicht über eine geneigte Fläche hinzuleiten. Je einfacher man dieses mit den vorhandenen Mitteln und Kräften erstreben kann und je weniger Künsteleien dabei angewandt werden, desto höheren Gewinn werden die Anlagekosten der Bewässerung abwerfen. Deßhalb ist derjenige Ueberrieselungsbau der vortheilhafteste und natürlichste, bei welchem nur die Mißgestaltungen der Erdoberfläche verbessert, die kleineren Unebenheiten geschlichtet und die Gräben nach der natürlichen Lage der Oberfläche und nicht nach den Regeln des Gleichmaßes gezogen werden. Wogegen derjenige Uberrieselungsbau in Künsteleien ausartet und nicht selten den Geldbeutel arg straft, bei welchem eine gänzliche Umgestaltnng und Bearbeitung der Oberfläche stattfindet und möglichste Regelmäßigkeit beobachtet wird. Dabei ist es gleichwohl durchaus erforderlich, einen geübten Techniker zu Rathe zu ziehen.

Die Möglichkeit der Zuleitung des Wassers auf die zu berieselnde Fläche vorausgesetzt, so kann eine Kunstwiese überhaupt nur auf vollständig entwässertem Boden angelegt werden.

Aber auch nur auf solcher Fläche kann die Kunstwiese angelegt werden, welche in sich Gefälle genug hat oder erhalten kann, daß alles Wasser, welches zur vollständigen Berieselung aufgeführt wird, auch wieder möglichst vollständig und ohne zu große Schwierigkeit abgeführt werden kann.

Wird in einer dieser Beziehungen etwas versehen, so wird Erkältung, Versauerung der Wiese und in Folge dessen Beeinträchtigung des guten, Beförderung des schlechten Pflanzenwachsthums die unausbleibliche Folge sein.

Es erscheint demnach nothwendig, das erforderliche Gefälle, welches die Natur versagt hat, durch Kunst herzustellen; also Abhänge zu schaffen, auf welchen das Wasser sich in der angegebenen Weise fortbewegen, nirgends aber stocken kann.

Diese Hänge können in verschiedener Weise und Gestaltung ausgeführt werden; es ist dies gleichgültig, wenn nur der Zweck erreicht wird. Die einfachsten Formen sind jedenfalls die besten. Man legt danach den Hang entweder nur nach einer Seite, oder nach zwei Seiten, also dachförmig. Die erste Verfahrungsart wird Hangbau, die zweite dagegen Rückenbau (Beetenberieselung) genannt. Von der Oberfläche des Bodens hängt es ab, ob der Hang- oder Rückenbau, oder ob dasselbe Wasser bald zur Bewässerung der Rücken, bald zu der des Hanges benutzt, also im letzten Fall ein zusammengesetzter oder gemischter Bau eingerichtet werden kann.

Ueber die einfache und zugleich zweckmäßige Verfahrungsart im Lüneburgschen läßt der bereits angeführte Dr. Sprengel sich in seinem Werke über Urbarmachungen folgendermaßen aus:

„Das seit etwa 80 Jahren (jetzt über 100 Jahren) im Siegenschen bei Anlegung der Kunstwiesen befolgte Verfahren ist so vollkommen, daß es wohl kaum verbessert werden kann; aus allen Ländern Deutschlands reiset man deshalb nach Siegen, um daselbst den Wiesenbau auf seiner höchsten Stufe der Ausbildung zu sehen, denn auch in der weitern Pflege der Kunstwiesen hat man es daselbst zu einer Vollkommenheit gebracht, wie sie wohl nicht leicht an andern Orten gefunden werden dürfte. Die Siegener Wiesenbaumeister wandern übrigens schon seit längerer Zeit in andere Länder, um auch dahin den Kunstwiesenbau zu verpflanzen. So vortrefflich nun auch die Wiesenanlagen im Siegenschen sind, so kommen ihnen doch die Lüneburgischen in vieler Hinsicht gleich, ja, was das Schwemmen, oder das Schaffen ganz neuer Wiesen anbetrifft, so findet man dieses nirgends besser als im Lüneburgischen; dazu kommt noch, daß das Verfahren, welches man hier bei der Anlage der Kunstwiesen befolgt, viel einfacher als im Siegenschen ist. Der Lüneburgische Wiesenbau erfordert bei seiner Anlage nichts weiter als Spaten, Plaggenhaue, Schiebkarre, Mistforke, Harke, Handschlägel, Schnur und Maßstab. Statt der Setzwage bedient man sich, wie man sogleich sehen wird, meist des Wassers, und beugt dadurch allen Irrthümern auf das Sicherste vor. Da der Lüneburger weniger künstlich baut, als der Siegener, so kommt ihm auch seine Anlage nicht so hoch zu stehen, ja man kann dreist behaupten, daß der Kunstwiesenbau im Siegenschen ⅓ mehr als im Lüneburgischen kostet; denn verwendet der Lüneburger auch oft 100—150 Rthlr. auf den Magdeb. Morgen (25,5 Ar), so rührt dieses blos davon her, daß er oft 10 Fuß (3 Meter) hohe Sandhügel, die mit der Schiebkarre weggefahren werden, in die neue Wiese zieht. Nichts ist im Lüneburgischen überraschender, als schon im Mai von einem unfruchtbaren dürren Heidehügel aus eine im Thal liegende bewässerte, und mit dem schönsten Grün prangende Kunstwiese zu sehen, ja oft kann man mit dem einen Fuße in das üppigste Gras treten, während der andere noch auf dem allerunfruchtbarsten Sande ruht. — Das Verfahren, welches man im Lüneburgischen bei der Anlage von Kunstwiesen anwendet, ist in der Kürze das folgende:

„Zuerst führt man den Hauptzuleitungsgraben aus dem mittelst eines Wehres angestaueten Bache oder kleinen Flusse an die Wiese, oder dahin, wo der Kunstbau stattfinden soll; alsdann fertigt man den Zuleitungsgraben an, leitet sogleich Wasser hinein und beufert ihn an beiden Seiten, wo er die Vertiefungen der Wiese durchschneidet, oder wo unterwärts das Terrain so abhängig ist, daß das Wasser, falls es nicht geschehe, ablaufen würde. Die Höhe der Beuferung oder das Aufstauen des Wassers in diesem Graben richtet sich nach der Oertlichkeit, und ein geübtes Auge erkennt sehr bald, ob sich bei Anlage der Beete Auftrag und Abtrag mit einander ausgleichen werden; bemerkt man, daß der Abtrag nicht hinreicht, um die Beete so hoch aufzuführen, als das Wasser im Graben aufgestauet ist, (denn sie sollen von hieraus bewässert werden) so senkt man dasselbe durch Ablassen; sieht man dagegen, daß Abtrag oder Erde übrig bleiben würde, so wird der Graben höher beufert und auch das Wasser höher darin angelassen. Der auf diese Weise festgesetzte Wasserstand wird dann während der Arbeit immer im gleichen Niveau gehalten und gibt so den sichersten Anhaltspunkt für die Höhe aller rechtwinkelicht auf den Zubringegraben zustoßenden Beete oder Rücken. Hiernach fertigt man den Ableitungsgraben an und leitet gleichfalls Wasser hinein, so zwar, daß dieses fortwährend 9—12 Zoll (0,24—0,21 Meter) (je nachdem die Beete eine größere oder geringere Wölbung haben sollen) niedriger als im Zubringegraben steht; es gibt die Norm für die Tiefe aller zwischen den Rücken später anzulegenden Entwässerungsgrüppen ab. Alsdann werden alle 18—20 Fuß (5,65—6,28 Meter) am Zubringegraben entlang, rechtwinkelig auf denselben zustoßend, die Bewässerungsgrüppen angelegt; da wo das Terrain niedrig ist, führt man Dämme auf (sie bilden in der Folge den Rücken), und benutzt dazu die Erde der größten Höhen, die vorher abgeplagget werden; auf diesen Dämmen fertigt man nun völlig horizontal die Bewässerungsgrüppen an und läßt gleichfalls Wasser hinein, um bei der ferneren Arbeit keine Fehler zu begehen. Danach werden sogleich die Entwässerungsgrüppen gemacht, man läßt sie aus dem Ableitungsgraben voll Wasser, und dieses dient nun wieder bei der Wölbung oder der Abdachung, die man den Seitenwänden der Beete zu geben hat, als Norm, kurz überall wird das Wasser statt der Setzwaage auf die einfachste Weise benutzt, um den Bau der Rücken kunstgerecht auszuführen. Die Rasen, welche man von der Wiese, sowie es das Vorschreiten der Arbeit erfordert, abplaggt, legt man in kleine Haufen zusammen und deckt sie später auf die bereits glattgerechten Beete, wobei man aber nicht genau darauf sieht, daß sie nahe aneinanderschließen (nur an den Be- und Entwässerungsgrüppen entlang legt man sie dicht), tritt sie etwas fest, gibt alsdann den Entwässerungsgrüppen ein geringes Gefälle, läßt nun so viel Wasser über den neuen Wiesengrund, daß der Boden tüchtig durchnäßt wird und schlägt hierauf (nach 24 Stunden) den Boden mit Handschlägeln so glatt und fest, daß er nach Verlauf einiger Wochen, d. h. sobald die Rasen angewachsen sind, anhaltender berieselt werden kann. Die Köpfe der Beete werden im Lüneburgischen auf dieselbe Weise wie im Siegenschen abgerundet, aber die Dreiecke, welche dort am Zubringegräbchen angefertigt werden, kennt man im Lüneburgischen nicht; man führt die Entwässerungsgrüppen näher an den Zubringer und wässert alles von der Rückengrüppe aus. Uebrigens fängt man auch im Lüneburgischen, wie sich das von selbst versteht, mit dem Bau der Beete da zuerst an, wo der größte Auf- und Abtrag nöthig ist, während man die Erde der größten Hügel gleich anfangs dazu benutzt, um damit durch die Niederungen zuerst die Dämme zu erbauen, auf welchen die künftigen Bewässerungsgrüppen zu liegen kommen. Bei dieser hier kurz beschriebenen, im Lüneburgischen üblichen Bauart der Rücken oder Beete (deren Anlage per Morgen (25 Ar) durchschnittlich 25 Rthlr. kostet), geben die neuen

Wiesen, falls das Rieselwasser gut und hinlänglich vorhanden ist, ohne alle weitere Düngung mit Mist rc., schon nach 2—3 Jahren in zwei Schnitten per Magdeb. Morgen (25,5 Are) nicht selten 50 Centner Heu und Grummet, ja, es kommen einzelne Fälle vor, wo man über 60 Centner vom Morgen erntet."

„Alle Kunstwiesen erfordern im ersten Jahre nach ihrer Erbauung mancherlei Ausbesserungen, denn hie und da finden kleine Senkungen statt, die wieder erhöhet werden müssen. Ganz besonders bedürfen die Köpfe der Rücken, da hier der meiste Auftrag der Erde stattfand, einer Nachhülfe, hier müssen die Grüppen gewöhnlich etwas beufert werden, damit das Wasser sich gleichmäßig über den Rand ergieße. Zuweilen ist auch eine Grüppe oder ein Gräbchen zu eng gerathen, sie fassen dann das Wasser nicht, und müssen erweitert werden."

„Niemals sollte eine Kunstwiese mit Rindvieh beweidet werden, denn dieses zertritt die Grüppen und Gräben dergestalt, daß man sehr viel mit ihrer Wiederherstellung zu thun hat, womöglich müssen sie nur mit Schafen behütet werden. Uebrigens versteht es sich von selbst, daß alle Gräben und Grüppen einmal im Herbst und das andere Mal im Frühjahr gesäubert werden müssen, wobei das Wiesenbeil, mit welchem man an der, den Grüppen entlang gespannten Schnur haut, gute Dienste leistet. Macht man aber die Grüppen unten spitz, so bedient man sich eines Wiesenmessers und nimmt den seitwärts abgeschnittenen Rasen mit einer Mistforke weg."

Eine neu angelegte Wiese kann man nie lange genug wässern. Auf älteren Wiesen würde beständiges Rieseln die Wiese erkälten und versäuern. Es muß deshalb das Rieseln so erfolgen, daß die Wiese hin und wieder vollständig austrocknet.

Moorige Wiesen dürfen nicht naß in den Winter gebracht werden.

Bei stärkerem Regen lasse man das Wasser ganz von der Wiese.

Die Winterwässerung unterläßt man am besten ganz.

Die Wiesen mit schwachem Gefälle wässere man seltener als die mit stärkerem.

In den Herbstmonaten kann man namentlich auf trockenen Wiesen nicht fleißig genug bewässern.

Auch im Frühling ist eine reichliche Wässerung angebracht.

Alle spätern Berieselungen gebe man nur über Nacht, stets nur mäßig und lieber öfter, und lasse die Wiese, wenn nicht gar zu trockenes Wetter ist, ab und zu trocken liegen. Nur die erste Anfeuchtung nach der Heuernte muß stärker und anhaltender erfolgen. Auch muß dauernd einige Zeit bis zur vollständigen Anfeuchtung gewässert werden, wenn anhaltend sehr trockenes Wetter eintreten sollte.

Ist das Gras hoch gewachsen, so muß außerordentlich mäßig und vorsichtig gerieselt werden.

Im Uebrigen ziehe man die Wärme der Luft und des Wassers zu Rathe und prüfe selbst, wo Wasser, wo Trockenheit noth thut.

Wasser allein thut's freilich nicht! In dieser Beziehung ist hier in's Licht zu stellen, was der sehr erfahrene Wiesenbauer Vincent in seinem Wiesenbau Seite 13 folgendermaßen sagt:

„Außer den durch die befruchtenden Herbst- und Frühjahrsberieselungen angesammelten, löst das Wasser auch die im Boden ursprünglich vorhandenen Stoffe auf und führt sie an die Pflanzen über. Recht deutlich sieht man dies bei Berieselungsanlagen, welche ganz armes Wasser haben, an den höheren Erträgen der ersten Jahre.

„Hier werden durch die außergewöhnliche Feuchtigkeit mehr Pflanzentheile aufgelöset als sonst. Die Gräser wachsen deshalb üppiger und reichlicher, — die Berieselung hat geholfen. Aber in kurzer Zeit kommt der hinkende Bote nach.

„Ein großer Theil jener lösbaren Bestandtheile geht in dem Heu fort und kehrt nicht wieder. Der Ertrag läßt nach, der Boden wird mehr und mehr erschöpft und in einer Reihe von Jahren schlechter als er je gewesen. Der Belege dafür giebt es hier so viele, daß schon häufig die Frage aufgestellt ist, ob Rieselwiesen ohne Düngung dauernde Erträge zu geben vermögen?

„Auch der reichste Boden muß, auf diese Art benutzt, in nicht zu langer Zeit vollständig ausgesogen werden. Eine ganz ähnliche Erscheinung kennt jeder Landwirth auf dem Acker. Er weiß sehr wohl, daß bei tüchtiger Bestellung ohne gehörige Düngung der Boden viel schneller deteriorirt (verschlechtert) werden wird, als wenn flach und schlecht geackert wird.“

Besonders wird in allen Flachländern nie die Düngung erspart werden können. Hier ist die Fruchtbarkeit des Wassers in der Regel eine so geringe, die auflösende Kraft desselben so unbedeutend, daß ein nachhaltig hoher Ertrag einer Rieselwiese auf Höhenland nur zu erzielen ist, wenn man in Düngung der Wiese einen Theil der Stoffe wiedergiebt, die sie Jahr für Jahr in ihrem Pflanzenwuchs verliert.

Die Cultur der trockenen Wiesen

oder der natürlichen Wiesengründe ist in Rücksicht sowohl auf die erfolgreichste Entwickelung der Landwirthschaft, als auch auf die Bestrebungen für Vervollkommnung aller Theile der Viehzucht und Haltung nicht genug zu würdigen. Trotzdem finden wir solche Gründe in großer Ausdehnung noch sehr vernachlässigt, wenigstens nicht ihren Schätzen entsprechend benutzt. Drängt das Bedürfniß größeren Futtergewinns und Düngstoffs zu einem thätigen Vorgehen, so wird häufig zu allerlei Wasserkunststücken mit Aufwendung bedeutender Kosten die Zuflucht genommen, während bei weitem vortheilhafter in derselben Wirthschaft das Futterbedürfniß durch angemessene Cultur der natürlichen Wiesengründe zu decken ist. Die geringe Dankbarkeit, mit welcher nicht selten der Besitzer den reichen Segen der natürlichen Wiese, welche die Wohlthäterin der ganzen Wirthschaft ist, empfängt, die Sorglosigkeit, mit der er sie in Bezug auf mögliche Verbesserungen überläßt, muß dazu auffordern, ganz besonders ihre Cultur gebührend zu beleuchten.

Gute natürliche Wiesen finden sich bald an Flüssen und Bächen mit genügendem Gefälle (Marsch- und Grünlandsmoor), bald als Einschluß im Acker mit guter Bodenmischung (Anger), bald in Niederungen des Höhenlandes (Bruchmoor) mit reichlich Gräser tragender Moorerde in der Oberschicht.

Die Marschwiesen gehören zu den besten, werthvollsten Grundstücken. Ihr Werth ist dadurch begründet, daß das Fluththal des Flusses oder Baches aus Ueberschwemmungen fruchtbare Niederschläge erhielt, der Fluß durch eigene Kraft sich räumend, Verwässerungen und Versumpfungen der früheren Ablagerungen verhindert, und durch zeitweise wiederkehrende Ueberfluthungen dieselben von neuem bereichert und erfrischt. Der Besitzer hat fast nur die Mühe der Ernte.

Auch der Anger hat durch fruchtbare Zuschlemmungen aus dem Acker 2c. sich bereichert und wird noch ständig bei allen Regen- und Schneeabgängen gekräftigt, so daß er süßes saftiges Futter bringt.

Das Bruchmoor enthält eine große Ansammlung von pflanzlichen Resten, welche durch Entwässerung und mineralische Beimischung in eine kräftige humose und reichlich Gräser tragende Erdschicht verwandelt wird.

Die unter dem Grasteppich der Grünlandsmoore befindliche Moorerde bildete sich hauptsächlich aus den modernden Theilen der Gräser und Riedgräser. Ist daher durch die Zersetzung dieser Pflanzen der Boden an und für sich schon fruchtbar, so kommt noch hinzu, daß die oberste Schicht dieses Erdreichs aus einer mehr oder weniger dicken Lage besteht, welche meistens reich an mineralischen Bestandtheilen ist. Unter dieser Erdlage liegt eine Moorschicht von sehr abweichender Mächtigkeit und Beschaffenheit, gewöhnlich nur geringe mineralische Bestandtheile enthaltend. Es ist anerkannt, daß je vollständiger der Moorboden die erforderlichen mineralischen Bestandtheile enthält und je mannigfacher demnach die Verbindungen derselben mit den pflanzlichen Bestandtheilen sind, desto vollkommener darauf alle Arten von Culturpflanzen erzeugt werden können. Die obere Schicht der Grünlandsmoore enthält zwar mehr oder weniger Alles, was zur Nahrung der Pflanzen gehört, und kann deßhalb schon nach einer guten Entwässerung durch Umbrechen und Brennen fruchtbar gemacht werden; allein ohne zu düngen, wird sie bald ihre Wachsthumskraft verlieren.

In Holland, wo der größte Theil der Provinz Holland, ein großer Theil von Friesland und Utrecht aus Grünlandsmoor besteht, hat man der Kultur dieser Flächen große Aufmerksamkeit gewidmet.

Die Oberfläche der Grünlandsmoore liegt dort fast durchweg unter der Höhe des Meeres und wird durch eine vorzüglich gute Abwässerung gewöhnlich nur zur Wiese oder Weide vorbereitet. Hat der Boden nach der Abwässerung noch nicht die nöthige Festigkeit erhalten, so pflegt der Holländer zunächst die Oberfläche mit Sand 0,05 bis 0,10 Meter hoch zu übererden, sodann sucht er dieselbe durch öfteres Auffahren von Dünger (Straßenkoth) noch mehr zu befestigen und zu verbessern, und auf diese Weise zur besten Wiese oder Weide zu verwandeln. Vorzüglichen Erfolg hat die Uebererdung mit fruchtbarer Gartenerde (Klei) aus der Marsch und Seeschlick. Namentlich hat die Anwendung dieser Erde überall den Vorzug, daß während der ersten zwei Jahre der dem Grassamen beigemischte rothe Klee vortrefflich gedeiht, und der Stand des Grases, welches vom dritten Jahre an die Oberhand zu gewinnen pflegt, stets ein sehr kräftiger ist. Von der Beschaffenheit des Bodens wird es abhängen, wie stark die Uebererdung mit Gartenerde sein muß, über 120 Fuder auf den Hektar dürfte aber selten erforderlich sein. Die Gartenerde ist immer seltener in befriedigender Masse zu bekommen, und es wird deßhalb seit einigen Jahren der See-Schlick mit ausgezeichnetem Erfolge angewendet. Bei der Schlick-Düngung geht man bis zu 300 Fuder, das Fuder zu 20 Centner, auf den Hektar.

Der Holländer weiß wohl, daß der spätere Ertrag sehr wesentlich durch die Erlangung einer von Haus aus kräftigen und vollständigen Berasung bedingt ist, und geizt deßhalb in keiner Weise, sei es im Dünger, sei es mit Samen, oder sei es mit Arbeit und Sorgfalt.

Sehr schlechte Stellen pflegt man, sobald die Entwässerung vollständig hergestellt ist, umzuroden, zu düngen und, wenn es angeht, einige Jahre mit Feldfrüchten und zwar wo möglich mit Hackfrüchten zu bebauen, damit alle schlechten Gräser schnell und vollständig vertilgt werden, sodann aber die Fläche zu ebnen und mit guten Grasarten anzusäen. Auch ist es vortheilhaft, den Filz von sauren Gräsern durch Abheben der Rasen, durch Zusammenbringen, Trocknen und Verbrennen derselben zu vertilgen.

Da, wie schon erwähnt, die Weiden und Wiesen-Ländereien den höchsten Ertrag liefern, wenn ihre Oberfläche etwa $^{1}/_{3}$ Meter über den Wasserspiegel der Abwässerungs-Canäle (Grundwasserstand) sich erhebt, so suchen die Holländer den Wasserstand in dieser Höhe zu erhalten, indem sie die Wasserzüge in der entsprechenden Tiefe auswerfen und im Sommer das Wasser in denselben anstauen. Wenn aber der Wasserstand nicht auf diese Höhe gebracht werden kann, so wird wol, nachdem die obere fruchtbare Erdschicht weggenommen ist, eine entsprechende Höhe des Moores auf gewöhnliche Weise abgetorft und hierauf die Fläche wieder mit jener fruchtbaren Erdschicht bedeckt, gehörig umgehackt, geebnet, gedüngt und besäet. Der Grad der Fruchtbarkeit, den diese neuen Ländereien sogleich erreichen, ist kaum glaublich. Dabei bringen ihre Futterkräuter so vortreffliche, wohlschmeckende Butter und so schönen Käse hervor, daß ihnen die besten Marschländereien nicht gleichkommen.

Auch diejenigen Ländereien, welche zu tief unter dem gewöhnlichen Wasserspiegel liegen, um auf natürlichem Wege entwässert zu werden, werden in Holland auf meisterhafte Art in lachende Fluren verwandelt, indem man künstliche Hebewerke zur Beseitigung des Wassers anwendet. Ohne Fortschaffung des überflüssigen Wassers eines tiefgelegenen sumpfigen Landstriches auf einen höher gelegenen Punkt, wird man vergeblich auf eine gute Ernte warten, wie kräftig auch immer der Boden sein mag.

In Holland wurden zu dem Zweck Hebemaschinen in großem Maßstabe eingeführt, welche von Zeit zu Zeit manche Verbesserungen erhielten. Früher hat man sich vorzugsweise der Windmühlen in Anwendung auf Schöpfräder bedient; seit Einführung der Dampfmaschinen kann man jedoch nun mächtige Maschinenräder in Bewegung setzen, welche das Wasser in gewaltigen Strömen in die Höhe schaffen.

Die Hauptthätigkeit des dortigen Wirthes richtet sich auf Viehhaltung. Einzelne halten die dadurch dem Lande gegönnte Ruhe verschwenderisch, dehnen die Ackerwirthschaft so weit wie möglich aus und bauen Handelsfrüchte; allein von diesen gehen die meisten mit getäuschten Erwartungen und vermindertem Vermögen ab, während die Vieh- und Wiesenwirthe fast stets steigendes Vermögen ihren Nachkommen überlassen.

Im Einzelnen sind für die Cultur der trockenen Wiesen folgende Mittel zu empfehlen:

Zunächst bedingt diese Cultur eine angemessene

Trockenlegung

in beschriebener Weise.

Alsdann kann

Das Reinigen

der Culturfläche von Unkräutern, Moos 2c. diensam sein, welches sowohl durch das Ausziehen bzw. Ausstechen der schädlichen Gewächse, als durch ein scharfes Eggen im Spätherbste mit einer beschwerten und recht eingreifenden Egge (Brabanter Egge) geschieht. Die schädlichen Pflanzen und Unkräuter werden zusammengerecht und verbrannt, sowie die Asche nachher ausgestreut wird.

Die Ebnung

der Oberfläche ist immer nützlich und besteht darin, daß man den Rasen dick und gleichmäßig absticht, ihn und die obere fruchtbare Erde an die Seite legt, alsdann die Hügel in die Vertiefungen schafft, hierauf ebnet, die gute Erde und die Rasen wieder gleichmäßig darüber ausbreitet, und zuletzt feststampft. Da der zu erwartende Erfolg mit der aufgewendeten Arbeit im Einklange stehen muß, so wird der mehr oder mindere Grad der Unebenheit in Berücksichtigung zu ziehen sein.

Bei einer Narbe, die aus schlechten und schädlichen Pflanzen zusammengesetzt ist, wird

Das Umbrechen

mit Nutzen angewandt, indem man im Herbst zwei Pflüge in der Art hinter einander gehen läßt, daß der erstere die Narbe in schmalen Schnitten nur dünn schält, der nachfolgende Pflug aber die Krume über jene ausbreitet, hierauf das Feld ruhig bis zum Frühling liegen läßt, alsdann egget, pflügt und Kartoffeln pflanzt. Im zweiten Jahre säet man Hafer und unter diesen wieder Grassamen und Klee zu einer dauernden Wiese. Eine nachfolgende tüchtige Düngung muß den Boden für das ihm Entzogene wieder kräftigen.

Der sumpfige Moorboden trägt selbst nach stattgehabter Trockenlegung noch einen so dichten Filz von sauren Gewächsen, daß das Durchdringen besserer Gräser sehr erschwert ist und es deßhalb geboten erscheint, diese Filzdecke zu beseitigen. Dies ist allein durch

Das Brennen

zu erzielen. Damit wird gleichzeitig das Eisenoxyd, welches bei trockenen Niederungen zum größten Theil auf oder in der Oberfläche des Bodens zusammengedrängt ist, beseitigt und die dem Boden beigemischten, dem Pflanzenwuchse schädlichen Säuren lösen sich wenigstens an der Oberfläche durch die Wärme auf.

Die filzige Decke wird abgeschält, die getrockneten Soden werden zusammengesetzt, und wenn die Haufen recht trocken sind, im Frühjahr bei günstigem Wind und Wetter angezündet.

Das Verstreuen der Asche erfolgt gleichzeitig mit der Saat und beide werden kräftig untergeharkt oder geeggt. Bei großer Trockenheit des Bodens kann

Die Senkung oder Vertiefung

der Culturfläche in Frage kommen, um durch das Tieferlegen die Feuchtigkeit besser zu erhalten. Eine hohe trockene Fläche, von der zuvor die Rasennarbe und vor Allem die gute Erde an die Seite geschafft ist, kann nur in dem Falle abzugraben nützlich sein, daß man gleichzeitig einen anderweitigen Gebrauch von der weggenommenen Erde macht. Wir haben gesehen, daß in Holland häufig mit großem Vortheil das Grünlandsmoor auf diese Weise bearbeitet wird. Hier kommt zu Gute, daß die Torfnutzung die Arbeit lohnt. Die Senkung des Bodens muß indeß immer mit großer Vorsicht geschehen, denn leicht erniedrigt man ihn zu stark, und statt süßer Gräser kommen Binsen und Moose zur Herrschaft.

Dagegen wird

Die Erhöhung

der Culturfläche öfter in Anwendung kommen, wenn diese sumpfig ist und nicht gehörig entwässert werden kann. Eine solche Fläche ist auf zweierlei Weise zu erhöhen, trockener und damit zum Graswuchs zuträglicher zu machen, und zwar: entweder durch Auffahren von auswärts bezogener Erde, oder durch Auswerfen von gleichlaufenden Gräben in entsprechender Tiefe und Breite. Ist die obere Erdschicht bzw. die Rasennarbe gut, so wird dieselbe abgestochen, an die Seite gelegt, alsdann Erde zugeführt, dieselbe geebnet und endlich die Rasennarbe wieder darüber gedeckt. Im anderen Fall geschieht ohne Schonung des Rasens die Uebererdung, jedoch immer dergestalt, daß die obere Schicht möglichst kräftige Erde enthält. Im Bruchmoor ist die untere, im Grünlandsmoor die obere Moorschicht die bessere, und kann man keine mineralische Erde haben, so verdient dieses genau Beachtung.

Wie sehr übrigens der zu tief und zu naß liegende Moorboden durch Erhöhung gewinnt, bemerkt man auf allen alten Wegedämmen, welche in den wilden Mooren gleichgültig geworfen sind. Während hierauf von selbst gute nahrhafte Gräser gedeihen, sehen wir seitwärts Heide und saure Gräser im Moosgewebe. Seit uralter Zeit hat man denn auch diese Dammkultur bei fraglichen Hemmnissen gewürdigt und vielerseits mit großem Erfolg angewandt.

Die Breite und Erhöhung der Dämme bzw. die Breite und Tiefe der Gräben richtet sich nach dem Grade des zu erlangenden Feuchtigkeitszustandes. Je sumpfiger der Boden ist, desto höher müssen die Dämme und desto breiter und tiefer die Gräben sein. Die Dämme sollten aus Ersparungsrücksichten nur so breit sein, daß bis zur Mitte derselben die Grabenerde geworfen werden kann. Die Breite und Tiefe der Gräben muß mit der auszuhebenden Erdmasse und der Haltbarkeit der Grabenwände im Einklang stehen. Im Moorboden hat man jedoch in den Untergrund zu dringen, um mineralische Erde zu gewinnen, und wird man deßhalb hier die Gräben weniger breit als tief legen. Vortheilhaft ist immer das Verhältniß der Dammbreite zur Grabenbreite wie 5:1. Das mehrerwähnte günstige Wasserstandsverhältniß ist dabei nicht außer Acht zu lassen.

Häufig kann schon durch eine dünne Erdauflage die Culturfläche zu einem guten Graswuchse tauglich gemacht werden, indem man Beete legt und diese auf die Weise wölbt, daß man den oberen Grabenausstich von regelmäßiger Form und entsprechender Tiefe in der Mitte eines jeden Beetes in gerader Linie auffetzt und denselben nach beiden Außenseiten abfällig bis an die Grabenkante mit Erde hinterfüllt. In nicht gar sumpfigem Boden werden wenigstens zur Sommerzeit solche Beete kein stehendes Wasser halten.

Auf moorigem Boden bringt stets die ausgezeichnetste Wirkung

Das Uebererden

der Culturfläche. Dem Moorboden fehlt es mehr oder weniger an Mineralien. Die Pflanzen können aber nur dann Kohlenstoff und Stickstoff aus der Kohlensäure und dem Amoniak sich aneignen, wenn sie hinlänglich mit den mineralischen Nährstoffen versehen werden. Der Moorboden wird daher zu einem Wiesenboden umgeändert, wenn man ihm nur die nöthigen mineralischen Nährstoffe liefert.

Zum Uebererden des Moorbodens sind alle Erdarten geeignet. Jede hat an mineralischen, der Erzeugung förderlichen Bestandtheilen mehr als der Moorboden, und ist deßhalb geeignet, den letzteren zu verbessern. Die Beschaffenheit der Erde ist jedoch verschieden, und hat man die Wahl, so wird man prüfen müssen, welche Erdart die passendste und beste ist.

Der Sand hat am wenigsten kräftigende Bestandtheile und führt also auch weniger eine Verbesserung der Mischung herbei; aber dem moorigen Boden fehlt es, um gute Gräser hervorbringen zu können, nicht nur an Kieselerde, sondern auch immer an Kali, und beide Körper erhält er durch den Sand. Kein Sand, mit Ausnahme des feinen Quarzsandes, ist frei von Kali, indem stets Körnchen von Feldspath, Glimmer 2c. darin vorkommen, die Kali chemisch mit Kieselerde verbunden enthalten. Diese Verbindung wird aber entweder durch Einwirkung der Kohlensäure aus der Luft, oder durch die im Boden befindliche Humussäure zersetzt, wobei dann kohlensaures oder humussaures Kali entsteht, welche Salze, da sie im Wasser löslich sind, den Pflanzen zu Gute kommen. Je mehr Glimmer- und Feldspathkörnchen nun der Sand enthält, desto besser eignet er sich zur Verbesserung des Moorbodens. Die Wirkung des Sandes ist zugleich eine mechanische, indem er durch seine Schwere den Boden einerseits dichter, anderseits poröser und damit der Lüftung und Wärme zugänglicher macht. Diese mechanische Wirkung wird durch grobkörnigen Sand gesteigert, und man kann deßhalb den gröbsten Kies mit gutem Erfolg anwenden.

Steht bis auf 1 Meter nasser Sand, so schreite man nur ganz allmählich mit der Besandung vor, da sonst sich Binsen 2c. sofort einfinden. Ist dieses nicht der Fall, so kann man rücksichtsloser verfahren.

Der Sand ist hauptsächlich auf schlechterem, sumpfigem Moorboden, der wenig süße, sondern meist saure Gräser und Moose trägt, ein großes Mittel zur Verbesserung desselben, wenn er nur nicht arm an Kali ist.

Der Thon ist nicht unfruchtbar, er ist im Gegentheil reich an Pflanzennahrungsstoffen, allein er besitzt nicht die natürliche Beschaffenheit, das Eindringen der Wurzeln, des Wassers und der Luft zu gestatten. Er ist deßhalb für den Moorboden nicht empfehlenswerth und jedenfalls nur in geringer Masse anwendbar.

Nicht viel besser ist die sehr eisenreiche Erde und der magere Lehm.

Von andern Erdarten verdienen die mit Lehm gemischten und unter diesen die mergelhaltigen den Vorzug. Außer Kalk, Sand und Thon in verschiedenen Mengungsverhältnissen enthalten die besseren Lehm- und Mergelarten noch geringe Mengen von Gips, Kali, Natron, phosphorsaurem Kalk ꝛc. Alle diese letzteren Bestandtheile befördern den Graswuchs, der aber hauptsächlich gesteigert wird durch die Aufschließung der Kieselerde-Verbindung mit Thon und durch die in Folge derselben große Löslichkeit der kieselsauren Alkalien, welche alle Grasarten ohne Unterschied so sehr zu ihrem Wachsthum bedürfen.

Bei Anwendung des Lehms und Mergels ist eine zuvorige Uebersandung des Bodens, namentlich auf schwammigem Moorboden zweckmäßig. Alsdann genügt auf den Hektar eine Zufuhr von 40 bis 80000 Kilogr. oder 40 bis 80 Fuder; sie kann jedoch — wie wir bei dem Verfahren in Holland mit Klei und Seeschlick gesehen haben — mit Nutzen auf 120 sogar auch 300 Fuder gesteigert werden.

Der Nutzen ist natürlich um so größer, je reicher die aufgeführte Erdart an Nahrung für die Wiesenpflanzen ist. Deßhalb finden wir in Holland und Ostfriesland einen so vorzüglich warnehmbaren Erfolg von der Gartenerde des Marschbodens und von dem Seeschlick; allein nur selten steht eine so fruchtbare Erde zu Gebote.

Die aufgeführte Erde darf keine so dicke Schicht bilden. Auf ganz sumpfigem schwammigem Moore (Bruch) mag man sie 0,05 bis 0,10 Meter dick auftragen, auf festem Moore (Grünlandsmoore) genügt eine Schicht von 0,03 bis 0,05 Meter Dicke. Zweckmäßig ist, auch auf sumpfigem Boden die Uebererdung in letzterer Dicke zu beschaffen und zeitweise, etwa von 3 zu 3 Jahren, zu wiederholen.

Sobald im Winter die Erde über die Culturfläche gefahren ist, breitet man sie gleichmäßig aus, egget tüchtig, wiederholt letzteres im Frühjahr, säet hierduf Hafer, darüber zugleich die geeigneten Wiesengräser und Kleearten, eggt und walzt.

Auf Marsch-Anger und dem besseren Grünlandsmoore verjüngt man zweckmäßig auf die Weise die Grasnarbe, daß man die Culturfläche 0,02 bis 0,04 Mtr. dick gleichmäßig mit guter Erde überdeckt. Die vorhandenen guten Gräser wachsen alsdann durch und treiben neue Seitentriebe in die aufgetragene Erde, während die etwa vorhandenen Moose und Flechten verschwinden.

„Behufs Uebererdung des Moorbodens wird meistens der Untergrund gehoben werden müssen. Zu dem Zwecke zieht man gleichlaufende Gräben lothrecht in angemessener Breite, sticht den oberen Filz regelmäßig ab, hebt diesen mit der darunter stehenden Moormasse aus und legt das Ganze an die eine Seite des Grabens, wogegen man den Untergrund auf das anderseitige Beet nach Bedürfniß auswirft. Ist dieses geschehen, so schmeißt man die untere lose Moormasse wieder in den Graben und bedeckt dieselbe sorgsam mit dem abgestochenen oberen Filz. Es bleibt zwar in der Grabenrichtung eine Mulde, allein diese ist weniger unbequem und für die Abwässerung jedenfalls nicht schädlich, verwächst auch mit der Zeit.

Weit zweckmäßiger ist es, die Gräben in vorbezeichneter Weise auszuheben und alsdann dieselben zu **„verdecken,“** wie unter dem Kapitel „Abwässerung“ beschrieben ist.

Es ist bekannt, welche großen Vortheile die unterirdische Abwässerung auf dem kaltgründigen Acker hat. Der moorige Wiesenboden gehört aber zu den allerkältesten Erdarten, weil er mehr als jeder andere die Feuchtigkeit aus dem Untergrunde aufzieht und damit sowohl den unteren geringen Wärmegrad bis nahe an die Oberfläche führt, als auch den Zutritt der Luft verhindert, weil außerdem vermöge der Durchdringung des Bodens mit Wasser der Frost viel tiefer in ihm eintritt und viel länger in ihm anhält, als in irgend einem andern Boden. Mit seinem geringen Wärmegrad vertragen sich mehr die Moose, welche wieder durch ihre dichte Decke das Eindringen der äußeren Wärme erschweren. Die lange Zeit, während welcher der Frost in derartigem Boden bleibt, geht der offenen Abwässerung verloren, und lange in das Frühjahr hinein sind derartige Gründe grau und ihre Grasnarbe zeigt keine Spur erwachender Wachsthumskraft.

Es kann noch

Das Vermischen

des Bodens mit der aufgetragenen Erde in Frage kommen. Dieses Verfahren empfiehlt sich nur für den schlammigen Bruchboden. Demselben fehlt es fast an allen Mineralien, welche den Gräsern zu ihrem Wachsthum zu Gebote stehen müssen, namentlich aber an Kieselerde und an Alkalien. Diese werden ihm in besserem Sand, Lehm, Sandmergel und anderen ähnlichen Erdarten zugeführt, und natürlich werden diejenigen vom auffallendsten Nutzen sein, welche noch viele Körner von Glimmer, Feldspath und solchen Ueberbleibseln enthalten, die überhaupt reich an Kieselerde, Kalk, Bittererde, Alkalien rc. sind. Der schlammige Boden wird aber auch durch die Vermischung mit Erde dichter und für das Pflanzenwachsthum empfänglicher.

Wenn der durch öfteres Pflügen und Eggen durcheinander gearbeitete Boden noch dem Winterfrost ausgesetzt wird, so kann schon im folgenden Frühjahr die Grasansaat mit irgend einer grün zu mähenden Ueberfrucht ausgeführt werden.

Nicht räthlich ist die Vermischung auf dem Grünlandsmoore, da die obere filzige Schicht sich nicht gut mit der aufgetragenen Erde vermengt und überhaupt sowohl die natürlichen als auch die chemischen Eigenschaften dieses Bodens dadurch mehr verschlechtert als verbessert werden.

Unbedingt nachtheilig ist die Vermischung auf armem moosigem Bruchboden, da dieselbe die Wirkung der Uebererdung schwächen wird. Solchem Boden kann nur durch eine so stark aufgeführte Uebererdung geholfen werden, daß die Graswurzeln nicht die schlechte Moosschicht erreichen.

Im Anger- und Bruchboden wirkt mitunter der im Untergrund stehende Raseneisenstein, wenn er der Oberfläche zu nahe liegt, sehr nachtheilig auf den Graswuchs, und es bleibt hier nichts anderes übrig, als den Raseneisenstein herauszubrechen und die Löcher, welche dadurch entstehen, wieder mit guter Erde auszufüllen. Ein Abfangen des eisenführenden Quellwassers ist dabei angebracht.

Wir haben gesehen, daß schon eine bloße Uebererdung außerordentlich wirksam ist und namentlich auf dem humosen Boden einen üppigen Graswuchs erzeugt; allein je nach der Güte der Erde wird die darauf beschränkte Wiesenfläche früher oder später an mineralischen Bestandtheilen wieder erschöpft sein, was um so mehr zu vermeiden ist, als in der Regel die ganze Cultur mit großen Kosten und Schwierigkeiten verknüpft war.

Anderseits haben wir bei der Berieselung in Folge der Wirkung des Wassers eine schnellere Zersetzung aller pflanzlichen Stoffe und dadurch in der ersten Zeit einen vorzüglichen, später einen kümmerlichen Graswuchs beobachtet. Wir müssen daraus die Lehre nehmen, daß wir ständig, namentlich aber von vornherein dem Boden alle mineralischen und pflanzlichen Nährstoffe zuführen, welche die Culturpflanze bedarf, daß wir aber, um dem zu entsprechen, nicht allein die Bestandtheile der Culturpflanze, sondern auch die des Bodens genau ergründen und daß wir alsdann diejenige Beimischung bestimmen, welche nach der Beschaffenheit des Bodens in möglichst ausreichender Weise dem Bedürfniß Rechnung trägt. Dieses führt uns zu der

Düngung der Wiesen.

Die Düngung kann entweder in Mineralien oder in pflanzlichen und thierischen Stoffen bestehen.

Die erforderlichen Mineralien finden wir in den Aschenbestandtheilen der Wiesenpflanze. Sie bestehen aus:

Kieselsäure	60,1 %
Phosphorsaurem Kalk	16,1 „
Phosphorsaurem Eisenoxyd .	5,0 „
Kalk.	2,7 „
Magnesia	8,6 „
Schwefelsaurem Kalk. . . .	1,2 „

Schwefelsaurem Kali.	2,2 %
Chlorkalium	1,3 „
Kohlensaurem Natron	2,0 „

In den unter „Uebererdung" beschriebenen Erdarten finden wir schon die mineralischen Nährstoffe mehr oder weniger vertreten. Es kommen hier nur noch diejenigen Mineralien in Betracht, welche neben der Uebererdung als das erkannte Bedürfniß entweder eines oder mehrerer der vorstehenden Nährstoffe oder einer anderen Eigenschaft in Anwendung zu bringen sind, und wir wollen deßhalb die Art und Weise, wie dieselben wirken, und wo sie mit Vortheil vereinzelt angewendet werden können, näher beleuchten.

Der Kalk wird zweckmäßig nur im gebrannten Zustande angewendet. Je nachdem ein Boden mehr oder weniger verwesende pflanzliche Stoffe oder verwitterbare kieselsaure Verbindung besitzt, um so größer oder geringer wird die Wirkung des Kalkes sichtbar sein; sie wird gar nicht oder wenig bemerkt werden, wenn der Boden einen hinlänglichen Reichthum an Kalk besitzt. Er stumpft die Säuren des Humus ab und macht diesen zur Ernährung der Pflanzen geeignet. Ebenso bewirkt er eine schnellere Verwitterung aller kieselsauren Verbindungen. Zur Erzielung gewisser Pflanzen muß dem Boden Kalk zugeführt werden, namentlich gedeihen die Klee- und Wicken-Arten nicht auf einem Boden, in welchem der Kalk fehlt. Im Moorboden leistet der Kalk zur Entsäuerung des Humus und zur Zersetzung der Humuskohle und der Pflanzenreste ausgezeichnete Dienste. Man verwendet auf den Hektar 1000—2000 Kilgr. Nachdem derselbe gehörig an einem trockenen Orte zerklopft ist, streut man ihn bei windstiller, trockener Witterung auf die rauhe Saatfurche und eggt ihn sofort mit dem Samen unter.

Da der Kalk den Boden sehr erschöpft, so ist er immer nur mit Vorsicht anzuwenden.

Der Gips nutzt nur da, wo der Boden Mangel an diesem Minerale leidet. Alle kleeartigen Gewächse erscheinen danach in größter Menge und Ueppigkeit. Er ist die Quelle des in diesen Pflanzen enthaltenen Schwefels, anderentheils fördert er das Wachsthum derselben durch seinen Kalkgehalt, sowie dadurch, daß er das flüchtige Laugensalz im Boden und aus der Luft bindet.

Auf den Hektar werden 500—1000 Kilogr. völlig genügen.

Die Salinenabfälle, das Kali- oder Dungsalz haben gewöhnlich die Verbindungen von Gips, kohlensaurem Kalk, Kochsalz, Glaubersalz, Bittersalz, Chlormagnesium, Chlorcalcium ꝛc., und je nachdem diese Bestandtheile dem Boden fehlen, kann ihre Anwendung nützlich sein.

Auf den Hektar wird man 400—600 Kilogr. verwenden können.

Die Holzasche, namentlich von Buchen, gehört zu den besten Verbesserungsmitteln der Wiesen. Sie enthält mehr oder weniger alle Aschenbestandtheile der Gräser und Kräuter. Es werden durch dieselbe dem Boden solche Nahrungstheile zugeführt, daß die besseren Wiesenpflanzen gedeihen und das Moos unterdrücken können.

Das Ausstreuen geschieht am zweckmäßigsten im Frühjahr.

Die Seifensiederasche wird gleichfalls mit Vortheil als Wiesendünger benutzt. Ihr Werth beruhet in ihrem Gehalte an Kalk, Gips, phosphorsaurem Kalk und Talkerde, Kieselerde und Kali.

Die Asche von Braun- und Steinkohlen und von Torf wirkt durch ihren Gehalt an Gips, kieselsaurem

Kali ꝛc. günstig, jedoch kann sie Bestandtheile enthalten, welche im Uebermaß schädlich werden und deßhalb ist sie besser zu Compost zu verwenden.

Außerdem gibt es noch viele chemische Fabrikate, welche je nachdem sie reich oder arm an bedürftigen Mineralien sind, sich als Wiesendünger mehr oder weniger wirksam erweisen.

Die Aschenbestandtheile der Wiesenpflanzen genügen nicht allein, ein üppiges Wachsthum der Gräser kann vielmehr erst durch einen guten kohlenstoff- und stickstoffhaltigen

Dünger

gefördert werden.

Die pflanzlichen und thierischen Stoffe unterliegen einer mehr oder weniger schnellen Verwesung und haben deßhalb nur eine mehr vorühergehende Wirkung.

Der Mist von allem Vieh ist stets zur Wiesendüngung nützlich. Die Regel soll sein, die Wiese öfter, zur Zeit aber nur wenig mit Mist zu versehen. Je mehr er verrottet ist, desto kräftiger wirkt er. Zweckmäßig ist seine Verwendung zur Compostbereitung.

Die Mistjauche, Harn und Gülle befördert das Wachsthum der Wiesenpflanzen außerordentlich, ist jedoch stets nur unter Zusatz von Wasser anzuwenden. Da die Jauche viele wirksame Laugensalze enthält, welche sich zum Theil leicht verflüchtigen, so muß man diese durch Zusatz von Gips, Schwefelsäure, Salzsäure oder am besten durch sauren phosphorsauren Kalk binden. Stets wird es das Beste sein, den Harn und die Mistjauche zur Bereitung von Compost zu verwenden.

Das Knochenmehl bildet einen der wichtigsten Dünger-Beiträge, welches hauptsächlich seinem Phosphorgehalt zuzuschreiben ist. Der Stickstoff im Knochenmehl spielt eine untergeordnete Rolle. Der mineralische Theil der Knochen besteht vorzugsweise aus phosphorsaurem Kalk mit einem Gehalt an phosphorsaurer Magnesia und kohlensaurem Kalk. Da die Aschenbestandtheile der Wiesenpflanze nicht geringe Mengen von Phosphorsäure enthalten, so ist die Wirksamkeit des Knochenmehls erklärlich. Das gebrannte Knochenmehl ist am wirksamsten, und will man schnellen Erfolg haben, so wähle man die beste feinere und leicht lösliche Sorte. Auf den Hektar streue man 400 bis 600 Kilogr. Eine zuvorige Kalisalzdüngung wird namentlich auf Moorboden die Wirksamkeit steigern. Man verwende alsdann 400 Kilgr. Kali und 300 bis 400 Kilgr. Knochenmehl auf den Hektar.

Offenbar ist eine Vermischung der bedürftigen aschen-, kohlen- und stickstoffhaltigen Bestandtheile in der Bereitung von

Compost

das vorzüglichste Düngungsmittel. Um diesen sich in wirksamster Art zu verschaffen, sammelt man sich auf einem passenden Platze in der Nähe des Hofes die alten Grabenränder, die Rasenkrume an Gräben, Furchen und Wegen, Heide- und Rasenplaggen, Moorerde, den Straßenkoth, die zusammengekratzte Chausee-Erde, namentlich wo man Basalt oder Kalksteine verwendet, Bauschutt, Scheuernabfall, Unkräuter, Kartoffelkraut, Rebsstroh, Kehricht, Küchenabfälle, Schornsteinruß, thierische Reste, Teichschlamm 2c., mischt darunter nach Bedürfniß Kalk, Gips, Düngsalz, Asche, Knochenmehl 2c., hält diesen Compost mit Jauche stets in gehörig feuchtem Zustande, arbeitet ihn einige Male im Sommer um, zerhackt dabei alle gröberen Theile recht sorgfältig, führt ihn im Winter, wenn er etwa 1 Jahr in Haufen gelegen hat, über den

Wiesengrund, vertheilt ihn darauf recht gleichmäßig, eggt im Frühjahr die noch unzersetzten Pflanzentheile ab und walzt.

Die Wirkung eines solchen Compostes ist unübertrefflich, dabei kann der Stalldünger für den Acker verwendet werden, dem er gebührt.

Wir wenden uns zur Bildung einer guten

Grasnarbe.

Die richtige Auswahl des Samens ist zur Erzeugung einer dauerhaften und guten Grasnarbe von großer Wichtigkeit.

Es müssen stets solche Gräser und Kräuter gewählt werden, die einen möglichst dichten Stand bilden, dem Boden entsprechen und sich zu einem passenden Mischungsverhältniß eignen.

Wenn man frischen Samen von gleichmäßiger Keimkraft hat, so sind auf einen Hektar 40 bis 50 Kilogr. Grassamen, neben 8 bis 10 Kilogr. weißem und rothem Wiesenklee hinreichend.

Eine gute Mischung ist nach Fries folgende:

für bewässerbare Wiesen

Englisches Raygras	12	Kilogr.
Italienisches Raygras	8	„
Wiesenfuchsschwanz	8	„
Rauhes Viehgras	8	„
Thimotheegras	4	„
Hoher Schwingel	4	„
Knaulgras	4	„
Rother Wiesenklee	4	„
Weißer Klee	8	„
	60	Kilogr. auf den Hektar.

für Moor und feuchte Wiesen

Englisches Raygras	16	Kilogr.
Italienisches Raygras	10	„
Französisches Raygras. . . .	8	„
Timotheegras	6	„
Wiesenschwingel	6	„
Knaulgras	4	„
Wiesenfuchsschwanz	4	„
Wiesen-Rispengras.	6	„
Rother Wiesenklee	6	„
Weißer Klee	10	„
Schotenklee verschiedene Arten	2	„
Spitzer Wegerich	1	„
Wiesenknopf	1	„
	80	Kilogr. auf den Hektar.

für trockene Wiesen

Englisches Raygras	20	Kilogr.
Wolliges Honiggras	12	„
Weiche Trespe	8	„
Ruchgras.	4	„
Kammgras	2	„
Weißer Klee	12	„
Rother Wiesenklee	8	„
Gelber Hopfenklee	10	„
Becherblume	2	„
Schotenklee verschiedene Arten	2	„
	80	Kilogr. auf den Hektar.

Alle schwereren Grassamen muß man abgesondert von den leichteren säen, da sonst die Vertheilung ungleich wird.

Ein gutes Keimbett ist eine Hauptsache für jede Saat, die sorgfältigste Reinigung aber deßhalb nothwendig, weil die meisten Gräser im Anfang sehr langsam wachsen und dann leicht von Unkräutern unterdrückt werden.

Man säet den Grassamen allein oder mit einer Ueberfrucht. Eine zuvorige Halmfrucht wird namentlich auf Moor und sonstigem weichen Boden nur zum Schaden der nachfolgenden Wiesennutzung gewonnen.

Wo nicht die natürlichen Verhältnisse für Wiesenanlage sprechen, kommt:

Die Ackercultur

in Frage. Wir haben gesehen, daß der Marsch-, Grünlandsmoor-, Anger- und Bruchmoorboden am zweckmäßigsten sich zu Wiesenanlagen eignet, aber damit wollen wir für diese Bodenarten die Ackercultur nicht völlig ausschließen, vielmehr wollen wir bekräftigen, daß denselben unter entsprechenden Verhältnissen durch diese Cultur bedeutend höhere Erträge für eine gewisse Zeit abgewonnen werden können. Hauptsächlich betrachten wir für die Ackercultur den Heidelehm-, Heidesand-, anmoorigen u. Hochmoorboden.

Für diese Cultur bestehen folgende Mittel:

Zuvörderst wird mehr als bei Wiesenanlagen

Die Trockenlegung

des Bodens bedingt, wie unter dem Kapitel „Abwässerung" dargestellt ist.

Sodann ist

Das Reinigen

der Culturfläche von Steinen, Gebüsch, Unkräutern &c., nicht minder

Die Ebnung

derselben zur Beseitigung aller nachtheiligen Hindernisse geboten, namentlich damit auch das Tagewasser genügenden Abzug findet.

Die Einfriedigung

mit Erdwällen und Eichen- und Birken-Hecken (Knicke),

oder mit schmalen Kieferstreifen wird auf hochgelegenem Sandboden mit sehr durchlassendem Untergrund zum Schutze gegen rauhe Winde rc. sehr nützlich. An der Sonnenseite bleibt ein Streifen als Zugangsweg im Anger liegen. In Holstein theilt man die Culturfläche in Koppeln und begrenzt diese sämmtlich ringsum mit Wällen und Hecken, wobei die Erfahrung gemacht ist, daß dadurch der Wind abgehalten und dem Boden seine Feuchtigkeit mehr erhalten, auch auf diese Weise, da der trockene Sandboden wechselweise mehrere Jahre brach zur Weide liegen muß, um so angemessener das weidende Vieh beschränkt wird. Ein hoher Baumwuchs gegen den herrschenden Wind vermehrt den wohlthätigen Schutz.

Hierauf folgt

Das Umbrechen

des Bodens, wodurch diejenige Bodenschicht, welche bisher an der Oberfläche lag, hinunter und eine neue Bodenschicht emporgebracht wird, um sowohl die zur Verbreitung der Wurzeln nöthige Lockerung des Bodens zu erlangen, als auch der wohlthätigen Wirkung der Feuchtigkeit, der Luft und Wärme Zutritt zu verschaffen. Dies wird mit dem Pfluge, dem Spaten und der Hacke vorgenommen.

Von den Pflügen sind die ohne Vordergestell, die s. g. Schwingpflüge am besten. Der Untergrundpflug mag in ortsteinhaltigem Heidesandboden, wenn dieser überall zur Ackercultur geeignet erscheint, auch seine Dienste thun, sowie vielleicht noch dem Dampfpfluge nach den damit im Meppenschen gemachten Versuchen ein großes Gebrauchsfeld bevorsteht.

Wenn der Boden vor Winter gepflügt wird, so kann der Frost, die Luft und die Feuchtigkeit besser auf ihn einwirken. Die mineralischen Bestandtheile des Bodens werden dadurch besser aufgelöst, überhaupt wird der Boden durch die aus der Luft aufgenommenen Gase bereichert.

Wo sich keine gegründeten Hindernisse entgegenstellen, hat das Tiefpflügen den Vortheil, daß dadurch die Dicke der Ackerkrume vermehrt wird, der Boden mehr Wärme, Feuchtigkeit und Gase aufnehmen und dieselben besser festhalten kann, die mineralischen Bestandtheile des Bodens schneller und vollständiger aufgeschlossen werden, die Culturpflanzen weniger von Nässe und Trockenheit leiden und sich besser bestocken können.

Das Doppelpflügen ist bei Marsch-, Anger-, Heidelehm-, Heidesand- und bei anmoorigem Boden angebracht, jedoch wird gewöhnlich bei den ersteren drei Bodenarten wie beim Umbrechen der trockenen Wiesen verfahren und bis zu einer Furchentiefe von 18 Ctmtr. gearbeitet, wogegen bei den letzteren zwei Bodenarten folgende tiefere Pflugart besteht: Der erste Pflug arbeitet bis zu einer Tiefe von 15 Ctmtr.; hierauf folgt der zweite Pflug in derselben Furche, der dann eine tiefere Schicht von 10 bis 15 Ctmtr. aushebt und die Erde auf den ersten Pflugschnitt aufwirft. Bei dem anmoorigen Boden hat man danach zu streben, daß die Moorschicht wenigstens von einer 10—15 Ctmtr. dicken Erdkrume überdeckt wird.

Beim ortsteinhaltigen Heidesandboden ist das Untergrundpflügen gebräuchlich, welches darin besteht, daß hinter dem gewöhnlichen Pfluge, und zwar in der Furche, welche derselbe gezogen hat, ein Untergrundpflug geht, welcher den Untergrund bis zu einer bestimmten Tiefe lockert, ohne ihn auf die Oberfläche zu bringen und mit der Ackerkrume zu vermischen. Nach einigen Jahren wird sich der Untergrund in einem Zustande befinden, daß er an die Oberfläche gebracht werden kann.

Nach der Tiefcultur folgt je nach der Beschaffenheit des Bodens eine 1- bis 2jährige Brache. Da aber die wilde Erde sich um so schneller löst und an Düngstoffen sich bereichert, je mehr sie mit der Luft in Berührung kommt, so muß man zur Brachzeit das Pflügen öfter wiederholen. Im Allgemeinen kann man annehmen, daß das Pflügen so oft zu wiederholen ist, bis man dem Boden die gehörige Lockerung und Mengung mit sich und dem Humus und die nothwendige Reinheit ertheilt hat. Nach einem jedesmaligen Pflügen muß dem Boden so viel Zeit gelassen werden, daß er sich wieder setzen kann. In der Zwischenzeit ist es angebracht, das Feld auch mit der Egge zu bearbeiten. Sie hat die Aufgabe zu lösen, die gepflügte Ackerkrume zu zertheilen, zu lockern, zu pulvern, die Oberfläche zu ebnen, das Unkraut zu vertilgen ꝛc. Ebenso dienlich kann das Walzen sein, um die durch die Egge nicht zerkleinerten Erdklumpen und Schollen zu verkrümeln, den Boden zu ebnen und zu schließen.

Damit schließlich dem Boden noch den Winter hindurch Zeit gegeben ist, zu verwittern, sich zu zersetzen und sich Pflanzennährstoffe aus der Luft anzueignen, so schreitet man im Frühjahr zum Anbau.

Der Moorboden verlangt eine besondere Bearbeitung. Gewöhnlich enthält nur dessen obere Schicht eine fruchtbare Erde, und die Mächtigkeit dieser bedingt die Umbruchstiefe. Ueberschreitet man diese Grenze, so wird durch das Heraufbringen des moošhaltigen Untergrundes die Ackerkrume so verschlechtert, daß darauf die Culturpflanzen nur ein kümmerliches Wachsthum haben. Kann überhaupt der Moorboden, Zugvieh mit oder ohne Holzschuhe ꝛc. tragen und gepflügt werden, so ist das beim Umbrechen der trockenen Wiesen beschriebene Verfahren anwendbar.

Die Bearbeitung des Bodens mit der Hacke und dem Spaten hat, ihrer Wirksamkeit wegen, große Vorzüge, allein in weniger stark bevölkerten Gegenden wird man die Culturarbeiten, wegen Mangel an Arbeitskräften, mehr dem Gespanne zuweisen müssen. Dagegen kann das Umbrechen eines ortsteinhaltigen Bodens zuweilen sich erfolgreich mit der Hand ausführen lassen, sowie die filzige Moordecke, wenigstens im Urzustande, ohne Hacke und Spaten überhaupt nicht zu cultiviren ist. Der Moorboden bedingt zudem häufig als Vorbereitung

Die Brandcultur,

welche in den bedeutenden Mooren Norddeutschlands leider in so ungeheurer Ausdehnung betrieben wird, daß der von dem Moorbrennen aufsteigende Rauch wochen- und monatelang die Luft erfüllt und die Sonne verdunkelt. Auf den Mooren sieht man den Rauch an den Brandstätten aufsteigen und dem Winde folgend sich auf viele hundert Quadratmeilen ausbreiten. Ob die starke Moorrauchmasse einen schädlichen Einfluß auf das Wachsthum der Fluren hat, vermögen wir nicht zu beurtheilen, aber davon haben wir uns genugsam überzeugt, daß es für die Bewohner der Moorgegenden keine Reize des Frühlings giebt.

Diese verächtliche Brandcultur müssen wir um so mehr beschreiben, da sie im wilden Moore zur Reinigung, Ebnung und Lockerung des Bodens entschieden geboten ist.

Nach vorangegangener Trockenlegung werden die 5 bis 10 Mtr breiten Aecker in 0,6 Mtr. breite und tiefe Gräben geschlossen. Hierauf schreitet man im Herbst und Winter zum Umhacken der Erdschollen, welches mit einer langen, spitz zulaufenden und etwas krumm gebogenen Hacke geschieht. Nachdem den Winter über die Schollen gehörig durchgefroren sind, wird im Frühjahr, wenn es zu trocknen beginnt, das Moorland auf's Neue durchgearbeitet, indem man größere Schollen mehr verkleinert, niedrige Stellen mehr ebnet, und das Moorland so auflockert, daß es gut durchtrocknen kann. Hierbei suchen die Arbeiter sich soviel als möglich mitten auf dem Acker zu halten, um die Erde von den Seiten her nach der Mitte hinzuziehen und den Acker etwas zu wölben.

Bei trockener Witterung wird dann nach etwa 10 bis 14 Tagen mit einer leichten Egge das Moorland lockerer und zum Durchtrocknen bequemer gemacht, und dieses Eggen so lange wiederholt, bis die Oberfläche vollkommen trocken und zum Brennen geeignet ist.

Damit die ganze Oberfläche in Brand gesetzt wird, macht man auf jedem Acker in 10 Mtr. Entfernung kleine Haufen von recht trockener Moorerde, zündet davon zuerst die Haufen an der Seite, welche vom Winde abwärts liegt, an und streut hierauf mit einer alten Pfanne oder Schaufel, dem Winde entgegenschreitend, die brennende Erde weiter um sich aus. Sodann zündet man die folgenden Haufen an und wirft das Feuer immer gegen den Wind weiter fort.

Zur Förderung der Arbeit verrichtet man am liebsten das Brennen an einem Tage, wo Sonnenschein und Wind ist, und zu einer Tageszeit, wo die Hitze am größten ist (von Morgens 11 bis Nachmittags 2 Uhr).

Hierbei schwelt der Boden ab, indem das Feuer etwa 8 Ctmtr. tief in den Boden dringt und ihn zu Asche brennt.

Wenn die Oberfläche des Landes sehr verbrannt aussieht und gehörig mit Asche überlegt ist, so ist das Brennen gut gerathen und die Vorbereitung zur Saat vollendet.

In die noch heiße Asche säet man Buchweizen, eine Kornart, welche die Arbeit am reichlichsten lohnt. Fällt die Ernte glücklich aus, so ist der Ertrag des Buchweizens das 30 bis 40fache der Aussaat. Es ist anzurathen, zum Brennen und Säen nicht eher zu schreiten, bis man gegen Nachtfröste gesichert ist. Mitte Mai ist dazu die beste

Zeit. Nach dem Säen wird zuletzt ein wenig geeggt und gewalzt.

Sobald die meisten Körner schwarz sind, kehrt man sich nicht daran, ob das Stroh noch grün ist und noch Blüthen zeigt, sondern man mäht alsdann mit Sensen den Buchweizen ab, läßt ihn in Schwaden einige Tage liegen, danach gegen einander aufgehäuft so lange stehen, bis er zum Einfahren trocken genug ist. Die Wachsthumszeit des Buchweizens dauert 3 Monate und die Ernte tritt daher gewöhnlich im September ein.

Die Bearbeitung des zweiten, dritten und der folgenden Jahre besteht darin, daß jährlich die Gräben vertieft, der Acker wieder gehackt und gebrannt wird. Das Moorland ist aber alsdann leichter zu bearbeiten, und es genügt dazu eine 0,45 Mtr. breite Hacke mit vier 0,15 Mtr. langen Zinsen, mit der man den Boden Schritt vor Schritt aufkratzt.

Man pflegt das Moorland im dritten und folgenden Jahren auch wol umzupflügen, indem man dem Zugvieh große hölzerne Schuhe ꝛc. unterbindet. Dieses Verfahren ist zwar wohlfeiler, allein nicht so gut wie die Bearbeitung mit der Hand.

Nach 4 bis 6 Jahren werden mitunter wol noch Ernten von Hafer und Roggen versucht, im Falle eines Mißjahrs auch wol eine Spörgelernte erzielt, und damit ist die Brandcultur geschlossen und eine dreißigjährige Brache geboten.

Es ist erkärlich, daß die durch den Frost sich ausdehnende (auffrierende) Moorerde vielfach die Wurzeln der Pflanzen zerreißen muß und daß deßhalb dieser Boden in seiner ursprünglichen Mischung zum Anbau von Wintergetreide nicht geeignet sein kann.

Wir sehen, daß die Brandcultur den Boden erschöpft. So lange beim Brennen des Moors die Erdscholle und die Stengel und Wurzeln des Heidekrauts rc. in dem kohligen Rückstand (die Asche verweht und kommt wenig oder gar nicht zu Gute) einen Alkaligehalt liefert, trägt der ausgesäete Samen Frucht, und zwar am reichlichsten in den ersten Jahren; in der Folge nimmt die geerntete Körnerzahl regelmäßig ab, theils weil der Alkaligehalt im Boden sich immer mehr vermindert, theils aber auch, weil allmählich die für das Gewächs unbrauchbaren Kohlenbestandtheile sich an der Oberfläche des Ackers zu sehr anhäufen. Je mächtiger die Erdscholle ist und je dichter die holzigen Pflanzen das Moor überziehen, desto röther und fruchtbarer die Asche und desto andauernder die Brandcultur. Der Moostorf mit seiner weißen Asche wird niemals fruchtbar sein, da er zu arm an mineralischen Stoffen ist, während ein mineralreicher Moorboden ganz besondere Nährstoffe bergen kann.

Jedenfalls bewirkt die Brandcultur, daß der Boden, abgesehen von den durch das Feuer darauf wirkenden chemischen Einflüssen, eine ebene, gleichmäßig feste und bindende, sowie milde und empfängliche Ackerkrume bekommt, und das muß den Abscheu vor dieser Culturart um so mehr mäßigen, da sie als Mittel zum Zweck bei weitem nicht in der Ausdehnung Anwendung finden wird, daß wesentliche Unbehaglichkeiten durch den Moorrauch entstehen können.

Als Vorbereitungscultur darf aber der Boden nicht *ausgesogen* und *entkräftet*, sondern nur angeregt und dem Anbau erschlossen werden.

Zu dem Zwecke ist zunächst erforderlich, daß die Brandcultur nicht länger als zwei Jahre, bei kräftigem Moore aber höchstens drei Jahre ausgeübt wird. Thatsache ist, daß das Brennen den Moorboden entkräftet, und wenn dabei auch ausnahmsweise hier und dort die Fruchtbarkeit sich längere Zeit erhält, so muß doch offenbar durch die entzogene Kraft der künftige Anbau geschmälert werden. In 2 Jahren wird aber bei guter Entwässerung und Bearbeitung durch dieses Culturverfahren der Boden der Art aufgeschlossen sein, daß ein sicherer Anbau auf dem Fuße folgen kann.

Um den Boden möglichst wenig zu entkräften, ist es angebracht, daß bei der Bearbeitung nur die hohe filzige Erdscholle, nicht die niedrige lose Moorerde umgebrochen und in den Brandjahren nur das erste Mal gehackt, dann stets umgekratzt wird. Aus demselben Grunde muß verhütet werden, daß das Moor zu tief ausbrennt. Je schneller das Feuer die Mooräcker überläuft, desto weniger brennt das Moor aus, und dieses ist um so nützlicher, da nicht die Asche, welche ohnehin der Wind verzehrt, sondern der kohlige Rückstand die Tragkraft im Boden erzeugt. Man muß deßhalb durch häufiges Eggen rc. dafür sorgen, daß die obere Krume vorher gehörig austrocknet. Außerdem hat man zum Brennen die geeigneten Witterungsverhältnisse zu wählen; keinesfalls darf man bei anhaltender Dürre und Windstille das Geschäft vornehmen. Eine gute Vorsichtsmaßregel ist auch stets die, daß man vor dem Brennen die Gräben abschließt und in denselben die feuchten Niederschläge bis zu einer angemessenen Höhe erhält.

Der übermäßigen Ausübung der Brandcultur, diesem verderblichen Raubbau, kann der Staat durch zweckmäßige polizeiliche Maßregeln Schranken setzen. Zunächst können sich diese, der Feuersgefahr wegen, auf die Art der Ausübung erstrecken. Sodann aber hat der Staat durch die unausbleiblichen gefährlichen Moorwehen ein Recht zum Einschreiten.

Der sorgsame Wirthschafter, dem sein Boden werth ist, wird ohne Polizei schon das Richtige erkennen, die so einfache Brandcultur prüfen und dabei nicht durch augenblickliche Erträge sich verblenden lassen. Im Hochmoore ist von selbst die Grenze gegeben, nicht so auf den übrigen Bodenarten. Ein Wirthschafter, der nur einigermaßen denkt und prüft, wird den kräftigen Marsch-, Anger-, Grünlandsmoor-, Bruchmoor- und Heidelehmboden gewiß nicht opfern, aber dem widerwärtigen magern Heidesandboden will er Erträge abgewinnen, und dieses glaubt er durch die Brandcultur zu erzielen. Gerade dieser Boden ist häufig das Opfer der Leichtsinnigkeit, und wir finden leider schon große Strecken, wo die augenblickliche Habgier den Boden durch die Brandcultur nicht allein auf lange Zeit hinaus unfruchtbar gemacht, sondern auch in erschreckliche Sandwehen zum großen Nachtheil der Nachbarschaft verwandelt hat. Auch hier ist es wieder der Staat, welcher eingreifen kann; wir sollten aber denken, daß eine gesunde Vernunft sich Bahn bricht und die lästige Polizei abschüttelt.

Es liegt auf der Hand, daß wenn die geringe Humusdecke dem an und für sich armen Heidesandboden genommen wird, überall darin keine Wachsthumskraft mehr zu suchen ist. Die Brandcultur hat aber zudem die natürliche Folge, daß durch die Hitze viele mineralische und pflanzliche Verbindungen gelöst und in einer Weise flüchtig werden, daß schließlich dadurch dauernd unfruchtbares Erdreich entsteht und entsetzliche Sandwehen unausbleiblich sind.

Wir haben schon gesehen, daß

Das Uebererden

des Bodens bei der Wiesencultur vortrefflich wirkt, und indem wir hierauf verweisen, wollen wir nur das Besondere für die Ackercultur hervorheben.

Die Wiesencultur bedarf gewöhnlich keine so starke Uebererdung als die Ackercultur, da bei dieser nicht nur eine tiefer gehende Wurzlung, sondern überhaupt auch eine größere Ausbeutung der Bodenkraft vorausgesetzt werden muß.

In der Natur ist der Boden sehr selten so zusammengesetzt als es die Culturpflanzen erfordern, und wir müssen ihm daher die Körper, woran er Mangel leidet, in einem den Anforderungen der Culturpflanzen entsprechenden Verhältnisse künstlich zuführen. Dazu ist erforderlich, daß man stets zuvor gründlich sowohl die Bedürfnisse der anzubauenden Pflanzen, als auch die Bestandtheile des Bodens und der Erdart, womit man denselben verbessern kann, prüft. Als Grundsatz muß im Allgemeinen gelten, daß man nur Erdarten von verschiedenen Eigenschaften mit einander mischt.

Die Uebererdung soll nicht allein die chemischen, sondern auch die physikalischen Verhältnisse des Bodens verbessern. Besonders haben wir solches bei dem Moorboden zu beachten. Diesem fehlen die für die Ernährung der Pflanzen wichtigsten Mineralstoffe; sein Reichthum an Stickstoff ist in lösliche und den Pflanzen zugängliche Verbindungen überzuführen; er entbehrt das Hülfsmittel der Ruhe und Unbeweglichkeit für die Bewurzlung der Pflanzen, weil er, beim Anfeuchten aufquellend, beim Austrocknen wieder zusammenziehend, fortwährenden Veränderungen und Bewegungen unterworfen ist, und unterliegt, vermöge seiner Schwammartigkeit und starken Verdunstung von Wasser, leicht den Frösten. Alle diese Uebelstände können durch eine gut gewählte und ausgeführte Uebererdung gehoben werden.

Aber auch die übrigen Bodenarten haben ihre wohl zu beachtende Eigenthümlichkeit, wie einzeln hervorgehoben werden wird.

Ueberraschende Ergebnisse hat man in Holstein und Lüneburg auf allen Bodenarten durch

Das Mergeln

erlangt.

Es gibt dort nach Professor Müller drei Arten Mergel: Muschelmergel, aus Kalkschalen bestehend, Sandmergel, aus Kieselsand mit fein zertheiltem Kalk bestehend, und Thonmergel, aus einer thonigen Bodenart mit kohlensaurem Kalk. Die Fähigkeit des Mergels, zur Verwitterung und Verwesung der Bodenbestandtheile beizutragen, stuft sich nach dem Gehalt des Mergels an Kalk zwar ab, jedoch übt der Muschelmergel und in noch höherem Grade der Thonmergel durch seine übrigen Bestandtheile eine düngende Wirkung auf dem Boden aus. Muschelkalk enthält einen Bestandtheil von phosphorsaurem Kalk und stickstoffhaltiger Thiermasse, also unmittelbare Pflanzennährstoffe. Thonmergel ist, meistens durch Einbettung von Seemuscheln in Seeschlamm entstanden, enthält also davon werthvolle Bestandtheile; der kohlensaure Kalk im Thonmergel aber, und darauf ist das meiste Gewicht zu legen, hat im Laufe der Jahrhunderte Zeit gehabt, auf die eingebetteten halbverwitterten Kieselverbindungen zersetzend einzuwirken, wie man aus dem hohen Gehalt der besseren Thonmergel an leichtlöslichen Kali- und Kieselverbindungen schließen muß. Bezüglich des Thonmergels ist deßhalb zu behaupten, daß dessen düngende Kraft nicht sowohl in einem unmittelbaren Verhältniß zum Kalkgehalt steht, sondern auf dem Werth der eingemengten Kieselverbindungen, oder mit anderen Worten, Thonerdetheile und deren durch den Kalk vermittelten Verwitterungsgrade beruht, daß man also den Thonmergel als einen natürlichen Compost betrachten muß, dessen Güte von den Stoffen und deren Verwandlung abhängt.

Am vortheilhaftesten hat sich erwiesen, auf leichten Bodenarten Thonmergel, auf schweren — Sandmergel zu benutzen. In der Praxis wird der Thonmergel von den Mergelarten an und für sich als der werthvollere, wirksamere geachtet. Als mager gilt der Sandmergel und in gewissem Sinne der Kalkmergel, weil mit diesen größere Düngungen verbunden werden müssen; der Thonmergel oder Lehmmergel als fett, weil man durch seine Anwendung und verhältnißmäßig geringere Düngung viele Jahre hindurch von allen Früchten gleichmäßigere, hohe Körnererträge erzielte und den Boden mehr als die andern Mergelsorten zu einem einträglichen Kleebau befähigte.

Der nasse und kalte Lehmboden wird durch Kalk- und Sandmergel bedeutend lockerer und trockener, dagegen der trockene lose Sandboden durch Thonmergel fester, feuchter und bindiger.

Für den Moorboden eignen sich alle Mergelarten. Durch den Thonmergel wird er fester gemacht, während ihm durch den Kalkmergel die basischen Mineralkörper zugeführt werden und die Säure des Humus abgestumpft wird.

Wir haben Versuche mit Mergeln des Hochmoorbodens beobachtet, und mitunter den außerordentlichen Erfolg wahrhaft bewundern müssen. Allein von Jahr zu Jahr nehmen die Ernten an Ergiebigkeit ab, und vergleicht man schließlich die Kosten mit dem Gewinn, so wird man selten einträgliche Ergebnisse erlangen, abgesehen davon. daß in nassen Jahren die Ernten mitunter ganz mißrathen, In Ostfriesland ist dieses Culturverfahren verschiedentlich stets mit schlechtem Erfolge ausgeführt, besonders auf Stürenburgshof bei Aurich, wo, obwol der beste Mergel in unmittelbarer Nähe sich befand, Tausende verschwendet wurden. Weit zuverlässiger, wenn auch kostbarer, ist dieses

Culturverfahren nach einer vorherigen Uebersandung des Moorbodens.

Dem Heideboden wird der Kalkmergel besonders dadurch dienlich, daß er dessen kohligharzigen Theile auflöst. Die Humuskohle nutzt nicht eher, als bis sich Humussäure daraus gebildet hat, und es wird daher der Mergel allen Bodenarten, welche Humuskohle enthalten, dadurch dienlich, daß er die Kohle bewegt, sich in Humussäure zu verwandeln. Auch besitzt der Mergel die Eigenschaft, daß er die Lösung der Verbindung zwischen dem Thon und Humus im Boden bewirkt, in Folge dessen der Humus zersetzungsfähig und zur Planzennahrung empfänglich wird. Ebenso befördert der Mergel die Bildung der kieselsauren Salze aus der Kieselerde, sowie er die hauptsächlich den Halmfrüchten nachtheiligen schwefelsauren Eisenverbindungen im Boden unschädlich macht. Endlich nützt er auch dadurch, daß er die dunstförmige Luftfeuchtigkeit anzuziehen vermag, also die Lüftung im Boden überhaupt befördert.

Ein zu starkes Mergeln kann jedoch den Boden auch entkräften. Bringt der kalkreiche Mergel auf einmal mehr Humustheile zur Zersetzung, als die Pflanzen verzehren können, so hat dieses den Nachtheil, daß sie sich nutzlos verflüchtigen oder vom Wasser ausgelaugt werden. Man hat dies dadurch zu verhüten gesucht, daß man die bemergelten Felder mit Raps, Weizen, Gerste 2c., welche hauptsächlich Dungkraft im Boden verlangen, bebaute und dem Roggenbau eine sehr untergeordnete Bedeutung in der Fruchtfolge anwies.

In Holstein und Lüneburg hat man von einer starken Thonmergelung keine größere Wirkung verspürt als von einer gewöhnlichen.

Als eine gewöhnliche Mergelung gilt auf den Hektar: bei sehr kalkreichem Mergel 5 bis 10 Cubicmeter, bei einem Sand- und Thonmergel 100 bis 200 Cubikmeter.

Man mergelt meistens im Herbst, läßt die kleinen Haufen im Winter durchfrieren und streut im Frühjahr bei trockenem Wetter die pulverige Masse auseinander.

Die sicherste Wirkung vom Mergel hat man gehabt, wenn man die Mischung mit dem Boden durch die Brachbearbeitung, 3—4maliges Pflügen, im Sommer bewerkstelligte, und zugleich die Düngung beifügte.

In Holland und Ostfriesland, wo schiffbare Canäle den Transport erleichtern, hat sich die Uebererdung mit Klei (Marschboden) oder Seeschlick für jede Bodenart vorzüglich bewährt. Dort wird Moor- und Sandboden der Hektar mit 600 Fuder Klei aus den fruchtbaren Poldern oder Schlick aus dem Dollart überfahren, was eine 0,05 Mtr. hohe Schicht bringt, und ohne weitere Düngung bestellt. Die Erträge sind erstaunlich, und nach 100 Jahren ist noch die ausgezeichnete Wirkung ersichtlich. Weniger kostbar und noch erfolgreich ist die Anwendung dieser Erdart zu $^1/_{20}$ bis $^1/_{10}$ der vorbezeichneten Masse in Compost.

In Ermangelung von Mergel dient

Der Thon und Lehm

zur Verbesserung des Sand- und Moorbodens. Dem ersteren geben sie Bindigkeit und verhindern dessen zu schnelles Erhitzen und Austrocknen, während sie den Moorboden fest machen, die bessere Zersetzung seiner humosen Theile bewirken und ihn mit Kieselerde und Kali versorgen, woran er meist Mangel leidet. Der Thon darf jedoch nur ganz allmählich zugeführt werden, damit er sich mit der Ackerkrume gehörig vermengen kann. Man führt jedesmal nur eine Schicht von 0,04 Mtr. auf, läßt diese gehörig durchfrieren und durch Egge und Walze zerpulvern, pflügt sie alsdann ganz flach um, eggt und walzt, pflügt hierauf zum zweiten, dritten und vierten Mal allmählich immer tiefer. Im Sandboden wird schon diese Thonschicht wirksam sein, wogegen im Moorboden, seiner Schwammartigkeit wegen, die Uebererdung wiederholt werden muß.

Das Uebersanden

äußert auf Moorboden insofern eine sehr günstige Wirkung, als der Sand den Moorboden nicht nur bindender, sondern auch trockener macht und die fehlenden Kieselverbindungen zuführt. Wenigstens eine 0,10 Mtr. hohe Sandschicht ist erforderlich, indem die Pflanzen, sobald sie mit ihren Wurzeln den Torf berühren, sehr kümmerlich wachsen, besonders wenn es der moosige ist. Eine so bedeutende Sandmasse kann man nicht von Außen zuführen, da die Anlage fahrbarer Wege im Moore und die Anfuhr des Sandes unverhältnißmäßig große Kosten verursachen würde. Es kann also nur da dieses Cultur erfahren Anwendung finden, wo die Moormasse keine große Mächtigkeit hat und durch's Riolen der sandige oder lehmige Untergrund zu erreichen ist. Es führt uns dieses, wie bei der Cultur der trockenen Wiesen, auf die Erhöhung des Bodens durch Auswerfen gleichlaufender Gräben oder, um uns modern auszudrücken, auf

Die Dammcultur.

Gutsbesitzer Rimpau auf Cunrau (Drömling), ein verdienstvoller Herr, hat seit 11 Jahren 250 Hektar Grünlandsmoor in Dämme gelegt. W. Peters, die moderne Moorcultur, Osnabrück, 1874, schreibt darüber in Abkürzung Folgendes: Die Dämme sind in einer Breite von 22,80 Mtr. hergestellt; die Gräben zwischen den Dämmen zu 5 Mtr. oberer Breite und 3,50 Mtr. Sohlenbreite und so tief, daß eine 0,60 Mtr. dicke Schicht des unter dem Moore lagernden Sandes als Deckmaterial heraufbefördert und der Grundwasserstand auf mindestens 1—1,30 Mtr. gesenkt wurde. Die Gräben wurden mit Vorfluthgräben in Verbindung gesetzt, jedoch nicht unmittelbar in dieselben geführt, sondern nur bis an die Vorgewende, unter welchen mittelst weiter Drainröhren die Verbindung hergestellt war. Die Vorgewende erhielten eine Breite von 7.50—9.50 Mtr. Rimpau läßt das unter der 0,11 Mtr. starken Sanddecke liegende Moor vom Pfluge unberührt; höchstens, daß er es zu Winterraps, Möhren, Kümmel &c. mit dem Untergrundspfluge lockert, wenn sich eine feste Sohle gebildet hat.

Die auf die vorgeschriebene Weise hergestellten Dämme waren nach dem Ebnen des aufgeworfenen Sandes ohne weiteres Pflügen für das erste Jahr zur Cultur mit Hafer fertig. Sie wurden gleich nach ihrer Herstellung auf den Hektar mit 400 Kilogr. Kalimagnesia oder 600 Kilogr. rohem gemahlenem Kainit und mit 300 Kilogr. Baker-Guano-Superphosphat (60 Kilogr. lösliche Phosphorsäure ohne allen Stickstoff) bei ruhigem Wetter überstreuet. Zur Bestellzeit des Hafers wurde der Acker, worin sich der Kunstdünger also schon aufgelöst hatte, stark geeggt und der Hafer mit der Säemaschine hineingedrillt. Ertrag 60 Hktltr. Hafer.

Nach der Haferernte wurden über die Stoppeln auf den Hektar 400—600 Kilogr. Kainit gestreut, im Winter auf den Hektar 20,000 Kilogr. Dünger untergepflügt, im März oder Anfang April gehörig abgeeggt, Erbsen hineingedrillt und mit der Croßkill-Walze der Acker wieder festgewalzt oder nur geeggt. Ertrag 38—33 Hktl. Erbsen.

Ueber die Erbsenstoppeln wurde ein Knochenmehl gestreut, welches 40 Kilogr. lösliche Phosphorsäure und 6 Kilogr. Stickstoff enthält. Der Acker wurde mit einem 3schärigen Pfluge flachgestürzt, später geeggt, wieder gepflügt, gecroßkillt, mit Winterweizen gedrillt und wieder gecroßkillt. Ertrag auf den Hektar 35—40 Hktl. Weizen (der Bau von Weizen ist wegen Lagerung und Befalls größtentheils aufgegeben und Winterraps nimmt die Stelle ein; auch der Roggen hat sich fast immer gelagert).

Im vierten Jahre wurden auf den Hektar 20,000 Kilogr. Stalldünger über die Stoppeln gestreut, Kartoffeln in Abständen von 0,60 Mtr. auf den linken Rand der Furche gelegt und so untergepflügt. Ertrag 240 Hktl. Kartoffeln.

Im fünften Jahre wurde die Saatfurche zur Winterzeit gegeben und 400 Kilogr. Ka'imagnesia oder 600 Kilogr. Kainit über den Hektar gestreut. Nachdem im Frühjahr abgeeggt, wurde Gerste hineingedrillt, sodann noch 20 Kilogr. ital. Raygras und 12—16 Kilogr. rothen Klees breitwürfig nachgesäet und der Acker mit der Croßkillwalze festgewalzt. Ertrag 40 Hktl. Gerste.

Im sechsten Jahre Kleegras-Ertrag auf den Hektar 2000—4000 Kilogr.

Es ist dies gewiß eine schön gelungene und nachahmungswürdige Cultur, die dem Herrn Rimpau alle Ehre macht; allein wenn wir berücksichtigen, daß dieselbe auf Grünlandsmoor in ganz besonders günstiger Beschaffenheit ausgeführt worden ist, so vermögen wir doch nicht dieselbe für alle Verhältnisse anzupassen, noch ihretwegen die seit zweihundert Jahren als ausgezeichnet sich bewährte Fehncultur in Holland und Ostfriesland über Bord zu werfen.

Immerhin hat die Dammcultur eine große Bedeutung und wird auch unter weniger günstigen Verhältnissen sich eine besondere Bahn brechen.

Bei dieser Culturart müssen zunächst die Abwässerungsverhältnisse, die Mächtigkeit und Beschaffenheit des Moors und die Eigenschaften des Untergrundes genau geprüft werden.

Bezüglich der Abwässerungsverhältnisse haben wir zu erwägen, ob, wie unter dem Kapitel Abwässerung beschrieben, verdeckte oder offene Gräben gezogen werden können.

Ist genügende Abwässerung zu erlangen, so wird man stets der Dammcultur mit verdeckten Gräben den Vorzug geben müssen. Man ziehe diese lothrecht bis auf die erforderliche Tiefe, werfe die Moormasse auf die eine, den mineralischen Untergrund auf die andere Dammseite, lege die Wasserleitung durch Röhren, Faschienen, Torf 2c. in die entsprechende Höhe der Gräben, verschütte alsdann diese mit der ausgeworfenen Moormasse dergestalt, daß die bessere Moorschicht oberhalb zu liegen kommt, und übersande schließlich die ganze Culturfläche. Da durch die Entziehung der mineralischen Erde die Gräben nicht reichlich mit dem Moorauswurfe wieder gefüllt werden, so hat man beim Ebnen der Culturfläche die dazu nöthige Masse zurückzuhalten.

Bei mangelhafter Abwässerung muß der Gesichtspunkt darauf gerichtet sein, den Boden zu erhöhen, und dieses ist nur durch Ziehung offener Gräben zu erlangen. Es kann jedoch bei starker Mächtigkeit des Moors eine übermäßige Erhöhung des Bodens stattfinden, und in solchen Fällen ist es gerathen, die schlechte Moormasse wieder gleichmäßig in den Graben zu werfen und diese Schicht zur Sicherung der Grabensohle mit dem oberen regelrecht abgestochenen Filz zu belegen.

Die Mächtigkeit des Moors setzt dieser Culturart entschiedene Grenzen. Es kann überall erst nach gründlicher Entwässerung des Moors davon die Rede sein, da die gleichsam schwimmende Moormasse ein gleichmäßiges Auswerfen der Gräben gar nicht zuläßt, um so weniger, je tiefer das Moor steht. Wir finden aber Hochmoore von solcher Mächtigkeit, daß die Hebung des mineralischen

Untergrundes unverhältnißmäßig hohe Kosten verursachen würde. Es liegt hier also immer eine Rechenaufgabe vor, bei der alle Verhältnisse gehörig gewürdigt sein wollen. Im Allgemeinen darf man annehmen, daß so lange ein doppeltes Werfen des Bodens (zweiter Spatenwurf) nicht erforderlich ist, die Cultur sich verinteressiren kann. Die Grenze wird eine Wurfweite von 8 Mtr. sein. Danach muß die Dammbreite bemessen werden, welche für die Cultur nicht geringer als 5 Mtr. sein darf. Nach den bisherigen Versuchen hat man bei mehr als 1,25 Mtr. Moortiefe von der Dammcultur abgesehen, jedoch hauptsächlich deßhalb, weil alsdann die beliebte Dammbreite von 20 Mtr. und darüber nicht gewährt werden konnte.

Die Beschaffenheit des Moors verdient nicht minder Beachtung. Ein loses schwammiges und quellenreiches Moor verlangt ein engeres Grabennetz, als ein festes und trockenes. Ein mageres Moor (Moostorf) bedingt eine stärkere mineralische Erdschicht, als ein stoffreiches (Grünlandsmoor). Wir finden gute und schlechte Schichten in den Mooren, und wir müssen daher diese nach unten und jene nach oben fördern.

Je reichhaltiger der mineralische Untergrund an Pflanzennahrungsstoffen ist, desto besser wird natürlich auch der Erfolg der Dammcultur sein. In der Regel finden wir unter den stoffreichen Hochmooren einen kräftigen lehmigen Sand, welcher mit einer Deckschicht von 0,10 bis 0,15 Mtr. Stärke sogleich sich wirksam erweisen wird. Zuweilen liegt aber auch unter dem Hochmoore, Bruchmoore, namentlich unter dem Grünlandsmoore ein Lager von Thon, welcher, wie wir bei der Uebererdung der Aecker gesehen haben, vorsichtiger behandelt sein will. Wenn bei den übrigen Erdarten eine Vermischung mit dem Moorboden vermieden wird, so ist bei dem Thon dieses unumgänglich nöthig. Auch darf die allmähliche

Ueberwerfung der Thonschicht die Mächtigkeit von 0,04 bis höchstens 0,08 Mtr. zeitweise nicht überschreiten, weil andernfalls der Thon die nöthige Lüftung und Zersetzung des Moorbodens hemmen würde. Gleichfalls erscheint im Innern und an den Rändern der Moore auf Sandhügeln ein nahrungsarmer Untergrund, welcher um so stärker aufgetragen werden muß, da stets die über ihm lagernde Moorschicht (Moostorf) gleiche Eigenschaft besitzt. Hier wird eine 0,15 bis 0,30 Mtr. hohe Sandschicht mit reichlichem Düngerzusatz erforderlich.

Im Ganzen wird die Dammbreite zwischen 5—20 Mtr. und die Grabenbreite zwischen 1—5 Mtr. schwanken. Natürlich sind breite Dämme leichter und besser als schmale zu bewirthschaften, allein in Rücksicht auf die Herstellungskosten 2c. kann man nur bei bestimmten Verhältnissen die eine oder andere Breite für vortheilhaft erkennen.

Die in heiler Haut liegenden Moore sind gewöhnlich schollenreich und uneben, und wenn auch dieses durch die Uebererdung verdeckt wird, so ist doch stets eine zuvorige Brandcultur dienlich, zumal die Entwässerungs- und Dammarbeiten dadurch wesentlich erleichtert werden. Jedenfalls empfiehlt sich bei der Dammcultur, daß vor der Uebersandung die Moormasse gehörig durcheinandergearbeitet und völlig geebnet wird.

Aus dem Vorhergehenden ergiebt sich, daß die Cultur unserer ausgedehnten und tiefen Hochmoore ohne weitere Hülfe in enge Grenzen eingeschränkt bleibt. Erst wenn die Cultur durch Hinwegräumung der Torfmasse sich dem unterliegenden Grunde nähert, hört es auf, kostspielig zu sein, die Moorreste mit mineralischer Erdkrume zu überdecken bezw. zu vermischen. Dies führt uns auf

Die Fehncultur

oder auf die Cultur der abgetorften Gründe. Dabei müssen

wir zunächst uns denjenigen Torfgräbereien zuwenden, denen Schritt vor Schritt die Ackercultur folgt.

Wenn das Moor zur Torfgräberei anschnittsmäßig ist, so wird der vor der Anschnittslinie lagernde, bereits enttorfte Untergrund in der Abstichsbreite etwa 0,10 bis 0,15 Mtr. tief (ist der Untergrund fest, hart und eisenhaltig, so nach Erforderniß noch tiefer) ausgehoben, um die unbrauchbare Torfmasse zu bergen. Alsdann sticht man den 0,5 bis 1 Mtr. starken oberen Abraum, aus der Erdscholle und der losen Torfmasse bestehend, in großen Klumpen ab und wirft ihn in die vorgerichtete Grube. Hierauf wird die brauchbare Torfmasse bis auf die mit Sand vermischte untere schwarze Torferde regelrecht ausgestochen und verarbeitet. Ist dieses geschehen, so überwirft man den versenkten Abraum mit Sand, wodurch für den nachfolgenden Abraum wieder eine Grube gebildet wird. In dieser Weise fährt man fort; erhält also einen mit Moor übersandeten Boden. Die sonstigen Torfabfälle werden mit Graben- oder Canalerde gehörig in Vermischung gebracht; damit zugleich wird ackerweise geebnet, gedüngt und bestellt.

Vielerseits geht man von vornherein nur auf die Ausbeutung des Torfs aus, und mit dem ausgetorften Lande selbst mag demnächst werden was da will. Hier muß dann später ausschließlich die Graben- oder Canalerde helfen, welche allmählich bis zu einer Tiefe von 0,20 bis 0,30 Mtr. untergepflügt und innig mit Moor vermischt wird.

Wenn wir nun auch dem ersteren Verfahren als das natürlichere und vortheilhaftere stets Beifall zollten, zumal feststeht, daß meistens die mit Sand vermischte untere Torferde besonders nahrungskräftig ist; so haben wir doch überall auf abgetorften Gründen bei sorgsamer Bearbeitung und Pflege, gleichviel ob das Moor mit Sand nur überdeckt oder auch vermischt wurde, die Fruchtbarkeit bewundern müssen. Den Grund suchen wir darin, daß die untere Canalerde nicht selten Mergel, in der Regel aber guten Lehm liefert, daß aber andernfalls von auswärts Straßenkoth, Marscherde, (Klei), Schlick, Muscheln ꝛc. reichlich zugeführt wird. Davon haben wir uns mehrfach überzeugt, daß eine ungleichmäßige Vermischung der mineralischen Erde mit dem Moore nachtheilige Folgen hatte, und die Lehre gezogen: den Moorboden entweder einfach mit einer reichlich hohen Erdschicht zu überdecken, oder innig mit der zugeführten Erde zu vermischen.

In dem Untergrunde, wenn er auch nur aus Sand besteht, sind immer einige Basen und Salze abgelagert, welche zu den mineralischen Pflanzennahrungsstoffen gehören. Der Torfabraum enthält neben den mineralischen Bestandtheilen eine bedeutende Menge von Humussäuren. Die Verbindung des Sandes mit dem Abraum giebt also für sich schon einen Boden, welcher zur Hervorbringung mancher Culturpflanzen geeignet ist. In einzelnen Fällen hat sogar der Untergrund die Eigenschaft, den Dünger zu ersetzen; in der Regel, namentlich zum Kornbau, bedarf der besandete Moorboden aber noch immer des künstlichen oder natürlichen Düngers.

In Holland und Ostfriesland, wo große Flächen des ödesten Moorbodens schon in fruchtbare Felder verwandelt sind, ist das Verfahren folgendes:

Es wird entweder sogleich, nachdem eine Torfstichsbreite abgegraben ist, Sand ausgeworfen und über den Abraum gelegt, oder es wird der abgetorfte Grund zuerst in Brandcultur genommen und mit Buchweizen, Hafer oder Roggen bestellt, damit die Erdschollen sich gehörig verkleinern und zur Mischung mit Sand schicklicher werden. Wenn auf diese Weise etwa 2 Jahre der Acker bebaut ist und gedüngt werden muß, so wird er mit einer

0,10 bis 0,15 Mtr. starken, aus den angrenzenden Canälen oder Gräben gewonnenen Sand- oder Lehmschicht belegt. Durch mehrmaliges Pflügen und Eggen sucht man dem Boden auf 0,20 bis 0,30 Mtr. Tiefe eine recht gleichmäßige Mischung zu geben, düngt mit Mist, Straßenkoth ꝛc., und bestellt ihn hierauf mit jeder beliebigen Frucht. Das Düngen geschieht zum ersten Male recht stark und beträgt auf den Hektar 100 Fuder. Ohne weiter gedüngt zu werden, bringt ein solcher Boden drei Jahre auf einander kräftige Früchte hervor; alsdann wird er mit jährlicher schwacher Düngung noch 2—3 Jahre zur Weide gelegt, im Aufbruch mit Hafer, auch wol mit Lein bestellt und hierauf wieder in ursprünglicher Weise behandelt.

Es ist dieser Fehngrund in Holland und Ostfriesland zu einer Culturstufe gelangt, auf welcher er sich in seinem Ertrage kaum noch von dem Marschboden unterscheidet.

Wir haben gesehen, daß die Bearbeitung und Uebererdung allein bei keiner Bodenart dauernde Fruchtbarkeit hervorbringt, und wir müssen daher noch durch

Die Düngung des Ackers

nachzuhelfen suchen. Die Düngungsmittel müssen den Bodenverhältnissen angepaßt werden. Mehr oder weniger hat jeder wilde Boden Humus; da er aber in seinem rohen Zustande den Culturpflanzen nicht zusagt oder unwirksam ist, so müssen Mittel angewandt werden, die ihn milde und empfänglich machen. Den Heidehumus finden wir in Heidelehm- und Heidesandboden, im anmoorigen Boden und in der Erdscholle der Hochmoore mit der gleichen Eigenschaft, daß er einen großen Gehalt an Humuskohle und Harz enthält. Die Humuskohle wird durch das Harz gegen die Einwirkung des Sauerstoffs der Luft geschützt, wodurch sie sich nicht zersetzen kann, um den Pflanzen zur

Nahrung zu dienen. Es müssen daher bei dem Heidehumus diejenigen Mittel zur Anwendung kommen, welche eine Zersetzung des Harzes und der Humuskohle bewirken. Der Humus der übrigen Bodenarten, als: Marsch-, Grünlands-, Anger- und Bruchboden wird durch Säuren gebunden, bedarf daher zur Aufschließung Stoffe, welche die Säuren abstumpfen. Die Bodenarten leiden zugleich mehr oder weniger Mangel an Pflanzennahrungsstoffen, welche ihnen zugeführt werden müssen. Sofern nun diesen Erfordernissen nicht schon durch die eine oder andere Vorcultur Genüge geleistet ist, empfehlen sich folgende Mittel:

Der gebrannte Kalk ist besonders zur Verwandlung des kohligen Heidehumus in gute Pflanzennahrung dienlich. Man darf ihn jedoch nicht unmittelbar anwenden, sondern man muß folgendes Verfahren beobachten. Die Heidenarbe wird 0,04 Mtr. dick mit dem Pfluge oder der Hacke abgeschält, schichtenweise abwechselnd mit Kalk- und Schaf- oder Pferdemist in 1,50 Mtr. hohe, 16—25 Quadratmeter im Umfang messende Haufen gesetzt und dieselben tüchtig mit Jauche abgegossen, damit sie sich bald erhitzen und in Gährung kommen. Nach 6 Wochen arbeitet man die Haufen um, zerhackt dabei alle Stücke und bringt die Masse abermals in Haufen, welche man durch Begießen immer feucht halten muß. Darauf nach 6—8 Wochen ist der Compost zur Düngung verwendbar. Man wendet von dem Kalk mehr oder weniger an, je nachdem der Boden mehr oder weniger Humuskohle enthält, in jenem Falle 4000 Kilogr., in diesem Falle 2000 Kilogr. auf den Hektar. Auf Bodenarten ohne Heidenarbe wird er weniger angewandt, jedenfalls in geringer Masse, da für diese seine Wirksamkeit nicht groß ist. Hier empfiehlt sich auf Sandboden als Ersatz eine massenhafte Zufuhr von Moor- oder Torferde, welche in gleicher Weise behandelt bzw. verarbeitet werden muß. Auf trockenem

Sandboden ist ein Zusatz von Moor- oder Torferde auch bei geringer Heidenarbe immer angebracht.

Auf Moorboden, namentlich wenn derselbe Schwefeleisen enthält, kann ein Zusatz von Kalk als gebrannter Kalk oder als Mergel vorzügliche Wirkung haben. In dem Falle muß vor der Uebersandung die nothwendige Menge von Kalk möglichst schnell und innig mit dem Moore vermischt werden.

Auf den holländischen und ostfriesischen Fehnen verwendet man wol die von den Watten bezogenen Muscheln, welche zum Theil noch die in Verwesung begriffenen Thiere bergen, zum Compostdünger. Dieselben liefern werthvolle Mineralstoffe und stickstoffhaltige Bestandtheile, wirken auch, durch die Fäulniß in kohlensaures Ammoniak übergehend, entsäuernd auf den Boden.

Der Heideboden wird auch vortheilhaft mit gebranntem oder geröstetem Thon oder Lehm gedüngt. Den Heidesandboden ertheilt der gebrannte und gut zerkleinerte Thon nicht nur eine größere wasserhaltende Kraft und Bindigkeit, sondern versorgt ihn auch mit Körpern, woran dieser Boden oft Mangel leidet. Zum Brennen des Thons oder Lehms bedient man sich des Torfs, legt kreisförmig abwechselnd in derselben Stärke Torf und Thon bis zu 3—4 Mtr. Höhe, läßt in der Mitte dieses Haufens eine mil Torf gefüllte Röhre, sowie in der unteren Schicht 4 Durchzüge und zündet mit Reisig die Haufen an. Auf den Hektar rechnet man 12000—14000 Kilogr.

Der Stallmist

liefert immer die beste Düngung, jedoch besonders erfordert ihn der arme Heidesandboden, welchem zum ersten Male 120 Fuder auf den Hektar zugeführt werden sollen. Andere Bodenarten werden sich mit einer geringeren Masse begnügen, so auch der Moorboden, für den die Mistzufuhr nützlich, aber nicht unbedingt nothwendig ist. Der erfahrene Herr Rimpau auf Cunrau sagt: „Stickstoffgaben sind in den meisten Mooren unnütz; ich habe hierin Tausende verschwendet.“ An einer anderen Stelle: „Die Stallmistdüngung wäre für das leicht zersetzbare Drömlingsmoor unnöthig; aber da Stalldünger sehr reichlich producirt wird, so ist seine theilweise Verwendung an Ort und Stelle fast unvermeidlich.“ Dazu muß allerdings hervorgehoben werden, daß das Drömlingsmoor alle Pflanzennährstoffe reichlich enthält, mit Ausnahme von Kali und Phosphorsäure, welches man von vielen Mooren, namentlich von den Hochmooren nicht sagen kann.

Die vernünftige Behandlung des Stallmistes trägt wesentlich dazu bei, dem Boden diejenigen Stoffe in möglichst großer Menge zuzuführen, welche nicht allein selbst pflanzennährende Stoffe enthalten, sondern auch auf die Zersetzung der bereits in dem Boden enthaltenen ungelösten Nährstoffe einwirken.

Der Stallmist besteht aus einer Vermengung der flüssigen und festen Abgänge der Thiere mit Streustoffen.

Für das Wachsthum der Pflanzen ist es hauptsächlich erforderlich, eine große Menge leicht löslicher Nahrungsstoffe in dem Boden anzusammeln und zu erzielen. Zu dem Zwecke muß man bereits bei dem Miste den Zutritt der Luft und damit des Sauerstoffs derselben, welcher der Vermittler der Gährung ist, regeln. Hierbei spielen die Streustoffe eine wichtige Rolle, indem dieselben nicht allein zur Vermehrung der nährfähigen Stoffe des Mistes und zur Aufsaugung der flüssigen Abgänge dienen, sondern auch den festen Abgängen Zwischenräumlichkeit geben, die den Zutritt der Luft und damit den Eintritt der Gährung vermittelt. Diese Forderungen erfüllt vorzüglich das Getreidestroh, namentlich wenn es kurz geschnitten und gleichmäßig eingestreut wird. Im Weiteren ist es sehr nützlich, den

Mist eine längere Zeit in den Ställen unter dem Vieh liegen zu lassen, da hierbei die Streustoffe mit den Abgängen durch das Treten der Thiere und durch die Mistgabel des Wärters gehörig vermischt werden, der Harn der Thiere vollständig von den Streustoffen aufgenommen werden kann, und durch die stete Anfeuchtung, durch die gleichmäßige Wärme, sowie durch den geregelten Zutritt der Luft die Gährung zum regelrechten Verlauf gebracht wird. Findet alsdann zeitweise eine zu rasche Zersetzung statt, so hat man dieser durch die Anwendung des Gipses, der Schwefelsäure, der humosen Erde und ähnlicher anderer Stoffe, welche für die Bildung des Ammoniaks von Wichtigkeit sind, zu begegnen.

Der Straßenkoth

liefert in Holland ein ausgezeichnetes Düngungsmittel für den Moorboden. In Groningen wird der Straßenkoth, wozu der Inhalt der Latrinen, die Asche und der Stubenkehricht der Häuser, sowie der Straßenkehricht verwendet werden, von der Verwaltung der Stadt auf einen eigens dazu eingerichteten Platz vor dem Thore der Stadt gesammelt, dort gemischt, bearbeitet und verkauft. Die Reinigung der Straßen und Häuser, die Abfuhr nach der Anstalt und die Verwaltung dieser Anstalt stehen unter einem Inspector. Die Verwaltung der Stadt gewinnt dadurch einen Reinertrag von jährlich 50,000 M. Wir brauchen nicht nach den Städten China's und Japan's zu gehen, um zu lernen, wie man es machen muß, damit kein Atom des werthvollen Düngerstoffs verloren geht, sondern wir finden in Groningen das landwirthschaftliche Interesse in vollem Maße befriedigt, zudem eine reine gesunde Luft und keinerlei Unbequemlichkeiten. Jetzt, wo viele Stimmen sich für Reinigung unserer stinkenden Städte erheben, sollte man erst die dortige Anstalt besichtigen und dann in Erwägung ziehen, ob das dortige Abfuhrsystem oder das s. g. Schwemm- oder Canalsystem am zweckmäßigsten ist.

Man verwendet auf den Hektar 100 Fuder Straßenkoth.

Der Straßenkoth ist leider selten zu bekommen, und man muß daher zu anderen künstlichen Mitteln greifen.

Die künstlichen Düngungsmittel

werden heuer in so unzähliger Menge angepriesen, daß wir sie hier nicht namhaft machen können. Es ist also nur zu empfehlen, die Bestandtheile der Kunsterzeugnisse gehörig zu prüfen, und alsdann solche zu benutzen, welche alle die Stoffe enthalten, woran der Boden Mangel leidet.

Die Pflanzen nehmen verschiedene Stoffe aus dem Boden auf, vorzüglich aber Kali, Phosphorsäure und Stickstoff. Diese Stoffe sind denn auch in den verschiedenen künstlichen Düngungsmitteln die hauptsächlich wirksamen.

Es wird dem Boden gegeben: das Kali durch die verschiedenen Kalisalze; die Phosphorsäure durch die verschiedenen, aus den Phosphoriten und aus Knochenkohle bereiteten Superphosphaten; die Phosphorsäure und der Stickstoff in den ammoniakalischen Superphosphaten, im aufgeschlossenen Guano, im gedämpften und aufgeschlossenen Knochenmehl, während der Chilisalpeter ein reiner Stickstoffdünger ist.

Wenn Pflanzen gebaut werden sollen, die den einen oder anderen Stoff zu ihrer Ernährung besonders nöthig haben, so muß damit der Boden vorzugsweise gedüngt werden, und zwar: mit Kali die Futtergewächse: Klee, Wurzelgewächse, Kartoffeln, Rüben, Möhren 2c.; mit Phosphorsäure die Getreidegewächse: Weizen, Roggen, Gerste, Hafer, Lein 2c.; mit einem stickstoffreichen Superphosphate die Blatpflanzen: Kohl, Tabak, Klee

Luzerne, Esparsette rc.; mit Phosphorsäure und Stickstoff die Hülsenfrüchte: Erbsen, Wicken, Lupinen, Bohnen.

Die künstlichen Düngungsmittel wirken im Allgemeinen am günstigsten: in leicht löslicher Beschaffenheit und auf einem Boden, der weder zu bindig, noch zu sandig und trocken ist, also auf einem reichen Humusboden oder milden Lehmboden.

Alle künstlichen Düngungsmittel wirken aber in gehöriger Vermengung angewendet immer besser als einzeln, und dieses geschieht durch die Compostbereitung.

Der Compost wird am besten auf die Weise, daß man die Zusätze täglich in die Viehställe streut, indem das Vieh durch das Treten die eingestreuten Stoffe gut mit dem Mist vermischt. Andernfalls vermischt man die Zusätze außerhalb des Stalles mit dem Mist. Der Heideboden verlangt so viel als möglich stoffreichen Mist, wogegen für Moorboden der Mist durch nahrungskräftige Erde zu ersetzen bzw. zu vermindern ist. Es sind daher auf den Hektar für diesen 80 Fuder, für jenen 40 Fuder Sand, Lehm, Mergel, gebrannter Thon, Schlamm, Moor- und Humuserde, Gras und Heideplaggen rc. mit 40 bzw. 80 Fuder Mist zu vermischen und dem — je nach der Beschaffenheit des Bodens und je nach dem Mengenbedürfniß der verschiedenen Culturpflanzen — die erforderlichen künstlichen Düngungsmittel zuzusetzen. Wir haben gesehen, daß auf fruchtbarem Moorboden nach stattgehabter Uebererdung die künstlichen Düngmittel mit Erfolg unmittelbar Anwendung gefunden haben; gleichwohl dürfte stets eine zuvorige gehörige Vermischung derselben mit einer guten Erde, der gleichmäßigeren Vertheilung und schnelleren Wirkung wegen, sowie auch deßhalb sich empfehlen, weil einerseits die flüchtigen Bestandtheile mehr gebunden, andererseits die ätzenden Mittel, wie namentlich die Kalisalze, unschädlicher gemacht werden. Ist der gemischte Stalldünger oder der Composthaufen nicht gehörig verfault, so wird die Masse noch zeitweise verarbeitet (umgestochen), bis dieselbe rein und erdig sich gestaltet. Ein fleißiges Befeuchten der Haufen mit Mistjauche und Wasser ist dabei geboten. Das gedämpfte feine Knochenmehl ꝛc. pflegt man bei unreiner Compostmasse besser erst dann zuzusetzen, wenn dieselbe brauchbar ist. Sobald dieses eintritt, muß der Haufe auseinandergeworfen, die Masse gut durchmischt und spätestens nach 8 Tagen ausgestreut werden, weil beim Faulen des Knochenmehls das sich bildende Ammoniak leicht flüchtig wird.

Der Compost ist längere Zeit vor der Einsaat auszustreuen, zur Sommersaat entweder im Herbst oder so zeitig wie möglich im Frühjahr.

Da das Superphosphat im Compost nicht gewinnt, so streut man es separat, aber auch der besseren Vertheilung wegen mit Erde vermischt, aus.

Nachdem das Ackerfeld vorher mehrere Mal gepflügt, geeggt und gewalzt, überhaupt für die Cultur gehörig aufgeschlossen worden ist, so muß der Compost, wie jeder Dünger sehr gleichmäßig gestreut, flach untergepflügt, der Acker geeggt, später etwas tiefer zur Saat gepflügt, geeggt und die passende Culturpflanze gesäet werden.

Wir treten an den

Fruchtbau.

Soll ein landwirthschaftlicher Betrieb dauernd gut bestehen, so muß besonders in den armen Sandgegenden dafür zunächst Sorge getragen werden, daß Futter und Streu für die Viehbestände in reichlichstem Maße erzeugt wird. Dieses ist maßgebend gewesen, den Marsch-, Grünlandsmoor-, Anger- und Bruchmoorboden zum Wiesenbau zu bestimmen, weil man bei diesen Bodenarten die Bedingungen eines sichern reichen Futterbaues in der Hand hat. Der zu Acker bestimmte Boden müßte nun tragen, was er nur immer aufzubringen vermag, damit aus der Viehwirthschaft und dem Körnerverkauf sich hohe Reinerträge ergeben; allein sowohl bezüglich der Ertragsfähigkeit als der Förderung des Culturzustandes hat sich als sehr vortheilhaft erwiesen, den armen Heideboden zeitweise zur Sommerweide für's Vieh liegen zu lassen, um so mehr, da durch Anlegung gesunder Ackerweiden eine ungleich sichere Unterlage für eine Vermehrung des Viehstapels und für hohe Reinerträge aus der Viehwirthschaft geschaffen wird, als durch kostspieligen Futterbau auf dem Felde, der durch nachtheilige Einflüsse der Witterung zu unsicher ist. Dagegen halten wir dafür, daß auf dem lehm'gen Heide- und Hochmoorboden, soweit letzterer überhaupt culturfähig zu machen ist, edlere Körnerfrüchte zum Verkauf gebaut werden. Umstände verändern die Sache, und es kann deßhalb dieses nicht als ein Evangelium angesehen werden.

Die wissenschaftliche Prüfung fußt auf dem Satz, daß man dem Boden wenigstens ebensoviel Nährstoffe wieder zuführen muß, als ihm durch Ernten entzogen werden, wenn derselbe in seinem Kraftzustande verharren soll. Wir dürfen daher die spätere Düngung nicht versäumen.

Sollen ausnahmsweise die Wiesenbodenarten in Fruchtbau genommen werden, so kann folgende Bestellung eintreten:

Marschboden:

Brache, Raps, Weizen, Bohnen, Weizen oder Hafer, Bohnen, Brache rc.

oder:

Hafer, Brache, Raps, Weizen und 2 bis 3 Jahre Gras.

Grünlands- und Bruchmoorboden

wie unter Dammcultur beschrieben; übrigens kann man auf diesen Bodenarten beliebig diejenigen Früchte wählen, welche die höchsten Reinerträge gewähren, da alle Gewächse darauf dauernd gut gedeihen.

Anger- und Heidelehmboden:

Brache, gemergelt und gedüngt, Raps, Weizen, Hafer, Klee ein Schnitt und zu Roggen gedüngt, Roggen, Gerste und Hafergemenge (3 Theile Gerste und 1 Theil Hafer);

oder:

Brache, gemergelt und gedüngt, Hackfrüchte, Hafer oder Roggen, Kleegras zum Mähen, Roggen, Grünfutter, gedüngt, Roggen, Erbsen, gedüngt, Roggen, Weißklee mit Gräsern zur Weide, Hafer;

oder:

Brache, gedüngt, Hafer und Roggen, 2 Jahre Weide, Roggen, gedüngt bzw. gehürdet, Buchweizen oder Erbsen, gedüngt, Roggen, Lupinen, Roggen oder Hafer, gedüngt.

Anmooriger und Heidesandboden:

Brache, gemergelt und gedüngt, Kartoffeln, Hafer mit 1/4 Grassamen, 3 Jahre Weide, Roggen;

oder:

Brache, gemergelt und gedüngt, Roggen mit übergesäetem rothem (auch wol etwas weißem) Klee, Mäheklee, Roggen, Hafer, Erbsen und Wickfutter, auch Kartoffeln und Rüben gedüngt mit Stallmist, Roggen mit übersäetem weißem Klee und einiger Thimothee-Grassaat, 3 Jahre Weide;

oder:

Brache, gedüngt, Hackfrüchte oder Grünfutter, Roggen mit Schafschwingel, 3 Jahre Weide, Buchweizen oder Lupinen, Roggen oder Hafer.

Hochmoorboden:

(auf abgetorften Gründen oder auf Dammanlagen mit Uebererdung):

Rother Klee, gedüngt, italienisches Raygras, gedüngt, Raps, Roggen und Stoppelrüben, gedüngt, Erbsen, Bohnen, gedüngt, Roggen und Stoppelrüben, Sommergerste, gedüngt;

oder:

Bohnen, gedüngt, Roggen, gedüngt, Buchweizen, Roggen, gedüngt, Bohnen, Roggen u. Stoppelrüben, Gerste, gedüngt;

oder:

Roggen, gedüngt, Bohnen, Roggen, Kartoffeln, Roggen, gedüngt, Buchweizen, Roggen, gedüngt.

oder:

2 Jahre Kleegras, gedüngt, Raps, Roggen, Kartoffeln, gedüngt, Bohnen, Roggen;

oder:

Gerste, gedüngt, Bohnen, Roggen und Stoppelrüben, Kartoffeln, gedüngt, Bohnen, Roggen, Buchweizen.

Die Saat in Reihen verdient den Vorzug.

Wenn nun auch alle Kräfte aufgeboten werden, die öden Flächen in Wiesen- und Ackerland umzuschaffen, so haben sie doch einestheils eine so bedeutende Ausdehnung, daß Jahrhunderte darüber vergehen, andern Theils in landwirthschaftlicher Beziehung je nach den Verhältnissen so vielerlei Schwierigkeiten, daß nicht selten unverhältnißmäßig hohe Aufwendungen erforderlich sein würden. Wir müssen daher noch zu einem andern Verwandlungsmittel greifen, und dieses bietet uns

Die Holzcultur.

Die Urtheile über die Holzcultur auf öden Gründen, namentlich auf Moor gehen sehr auseinander. Ohne Berücksichtigung der Ortsverhältnisse und der Vorbedingungen, ist das ganz natürlich. Denn so gut wie in einer Gegend bei erzielten günstigen Ergebnissen sich leicht die vorgefaßte Meinung bilden wird, daß man Waldbäume anbauen könne wo und wie man wolle, ebenso gut ist bei menschlicher Denkungsart nicht ausgeschlossen, daß in einer andern Gegend bei mißlungenen Versuchen der Anbau gänzlich verworfen wird. Bei der so sehr verschiedenen Beschaffenheit der öden Gründe und bei der mannigfachen Verfahrungsweise, unter welcher der forstliche Anbau zur Ausführung gekommen ist, muß es aber von technischer Seite thöricht erscheinen, wenn auf einzelne gelungene oder mißlungene Versuche sich stützend, ein allgemeines Urtheil gefällt wird, zumal obendrein nicht selten bei solchen Versuchen der Zufall die Leitung hatte. In der Nutzanwendung trügt häufig die Bezeichnung des Bodens. Man sagt einfach z. B. Moorboden, ohne zu bedenken, daß das Moor Bodenarten von ganz verschiedener Beschaffenheit umfaßt. Der Bruchboden mit seinem üppigen Holzwuchse läßt sich nicht mit dem moosreichen Hochmoorboden über einen Kamm scheren. Wiederum hat jede Moorbodenart für sich ihre Besonderheiten. Daher die vielen Mißdeutungen.

Wir haben gesehen, daß die Landwirthschaft die besseren Gründe beansprucht und hauptsächlich nur der Heidesand- und Hochmoorboden für die Holzcultur übrig bleibt. Hier und dort mag noch ein Brocken von den besseren Bodenarten abfallen; ein großartiges Feld der forstlichen Thätigkeit erstreckt sich jedenfalls auf jene zwei Bodenarten, da sie die ausgedehntesten Flächen einnehmen, zugleich aber auch der landwirthschaftlichen Cultur außerordentliche Schwierigkeiten setzen.

Auf den öden Heidesand- und Hochmoorboden ist aller Pflanzenwuchs auf die oberste Erdschicht angewiesen. Die Kiefer gestaltet sich zu einem Gestrüppe, ihr hundertjähriger Schaft behält die Dicke einer Stange, und statt der Krone sitzt ein Mistelwuchs auf ihm; ihre Wurzeln treiben in der Oberfläche der Erde dahin, manchmal über 10 Mtr. weit, als wäre der Holzwuchs in der Erde, statt über ihr. Wir möchten gern raschen Schritts den tristen Anblick der Heide in ein liebliches Waldgrün verwandelt sehen, haben auch schon manche befriedigende Aufforstung bemerkt; allein im Großen und Ganzen sind uns so mancherlei, zum Theil unüberwindliche Hindernisse aufgefallen, daß nur ein allmähliches und bedächtiges Vorgehen uns zweckmäßig erscheint.

In den vorhergehenden Capiteln haben wir bereits den Anbau der öden Gründe ausführlich behandelt, und soweit nicht besondere Schilderungen für den Wiesen- und Ackerbau gemacht sind, glauben wir darauf, um Wiederholungen zu verhüten, verweisen zu können, um so mehr, da der Land- und Holzbau in den Grundbedingungen auf völlig gleichem Fuße stehen.

Bei der Holzcultur will jedoch die Abwässerung der tiefgehenden Wurzeln wegen, durchgreifender behandelt sein, ohne das entsprechende Erforderniß der Bodenfeuchtigkeit beeinträchtigen zu dürfen.

Aus gleicher Rücksicht ist die Tiefcultur wirksamer zu betreiben.

Würde die Einträglichkeit der Holzcultur mit der Landcultur gleichen Schritt halten, so möchte gar Vieles für jene zuträglich sein, was für diese nothwendig ist. Die unangenehme Zinseszinsrechnung legt aber die Holzcultur in enge Schranken, welche, um bestehen zu können, nicht überschritten werden dürfen. Wir können nicht mergeln, noch düngen auf künstlichem Wege, wir müssen uns vielmehr begnügen mit dem, was uns unmittelbar die Natur bietet. Und selbst dann finden wir Grenzen, sofern die Erfüllung der Grundbedingungen mit unverhältnißmäßigem Kostenaufwande verknüpft ist.

Gerade weil man sich an das halten muß, was die einfache Gabe der Natur uns liefert, um so mehr sind wir angewiesen, stets zuvor genau die schlummernden Kräfte zu prüfen und alsdann gründlich zu erwägen, wie und womit dieselben zweckmäßig zu erwecken und auszunutzen sind. Der Landwirth kann alljährlich seine Fehler verbessern, während der Forstwirth die Reue mit in's Grab nehmen muß und erst dessen Nachkommen ausmärzen können.

Bei der außerordentlichen Abwechslung des Bodens im Flachlande kann die Untersuchung desselben nicht genau genug sein, und es empfiehlt sich deßhalb, in Verbindung mit der Abwägung ein möglichst enges Netz über die Culturfläche zu legen und von Stand zu Stand den Boden zu ergründen.

Die Art der Bodenbearbeitung kann nicht willkürlich beschlossen werden, sondern muß sich allezeit nach dem Thatbefund richten. Der Geiz ist wie immer, so auch hierbei verderblich. Hat man sich von der Einträglichkeit der Cultur überzeugt, so mache man die Arbeit lieber besser als schlechter, da eine solche Mehrausgabe stets lohnend sein wird.

Die Wahl der anzubauenden Holzart wird um so

schwieriger, je magerer der Boden ist. Wenn überhaupt in der Erziehung und Erhaltung einer guten Bodenbeschirmung die wichtigste Aufgabe des Holzzüchters beruht, so hat man dieses ganz besonders bei den Aufforstungen zu beachten, zumal auf den öden Gründen eine möglichst reiche Verbesserung der Bodenkraft erstrebt werden muß. Dabei setzt uns meistens die Magerkeit des Bodens Klemmen an. Die genügsame Kiefer soll dann immer als Lückenbüßer dienen; aber keineswegs ist sie die Holzart, die für sich allein einer dauernden Aufforstung entspricht. Die Kiefer stellt sich von Natur licht, um so früher und stärker, je magerer und trockener der Boden ist. So lange nun Laubmoose die Bodendecke bilden, wird die Bodenfeuchtigkeit erhalten und die Zersetzung des Humus befördert; verschwinden diese aber, oder haben sich von vornherein dieselben, wegen der Magerkeit und Trockenheit des Bodens, nicht bilden können, so tritt die Verheidung ein, welche in Verbindung mit den harzigen Kiefernabfällen einen völlig unzersetzbaren, allen Waldwuchs verdrängenden Humus, die harzige Humuskohle erzeugt. Ungeheure Waldstrecken sind durch diesen Uebelstand zu Grunde gegangen, und soll die Wiederbewaldung Früchte tragen, so will solches vor Allem beachtet sein. Ist das Orakel nun einmal auf die Kiefer gefallen, so mag man sich auf die Weise helfen, daß man sofort mit dem Auftreten der Heide die Bestände ohne Rücksicht auf die Haubarkeit bzw. Nutzbarkeit abtreibt und wieder bebaut, letzteres um so schleuniger, da die Freilage der größte Liebling der Heide ist. Ein anderes Mittel besteht in der Mischung der Kiefer mit anderen paßlichen Holzarten, entweder sogleich oder durch demnächstigen Unterbau. Jeder Forstmann wird die Mischung der Holzarten empfehlen. Wenn wir aber auf magerem Heideboden als Mischung der Kiefer die Fichte, Buche, Eiche 2c. nennen, so werden

Manche die Einwendung machen, daß solche Hölzer nur Krüppelwuchs liefern und jedenfalls von der vorwüchsigen Kiefer unterdrückt würden. Sobald überhaupt jene Hölzer Boden fassen und in irgend einer Gestalt gedeihen können, so ist unser Zweck erreicht, den zeitigen Ausläuterungen die Nachhülfe überlassend. Wir wollen eben hauptsächlich diese Hölzer zur Deckung und Verbesserung des Bodens, und je mehr dieselben den Boden beschirmen, einen desto größeren Erfolg glauben wir uns von der Aufforstung versprechen zu dürfen. Die geringen Pflanzungskosten legen kein Gewicht in die Wagschale, und wollte man selbst damit rechnen, so wird das Ergebniß nur zu Gunsten sprechen, da ohne Frage der Kiefernbestand mit Bodenschutz sich kräftiger entwickelt. Wir wollen dabei nicht mit den edlern Hölzern unser Spiel treiben, sondern je nach der Bodengüte der Kiefer unter schlechten Verhältnissen 33 % Fichten, unter mittelmäßigen Verhältnissen 16 % Fichten und 16 % Eichen und unter besseren Verhältnissen 11 % Fichten, 11 % Eichen und 11 % Buchen zugesellen. Alle lichten Hölzer, insbesondere die Birke, Lerche ꝛc. sind uns für die Aufforstung verderblich, mag immerhin der Birke ein Kranz gegönnt sein. Die Eiche gehört zwar auch zu den Lichthölzern, ihre Blätter bilden zudem für sich, des Gerbestoffgehaltes wegen, keinen guten Humus; allein als Beimischung der Kiefer leistet sie, abgesehen von der Nutzbarkeit, vortreffliche Dienste, indem sie den Druck derselben aushält, sich im unterdrückten Stande außerordentlich verzweigt, damit den Boden gegen starke Austrocknung und Verkohlung des Humus schützt und vermöge ihrer Ausschlagsfähigkeit sich Jahrhunderte behauptet.

Wir haben bei dem mooshaltigen Hochmoorboden noch hervor zu heben, daß dieser nach gehöriger Trockenlegung ganz besonders schnell seine Erdscholle durch den Waldwuchs bereichert. Wir können in Ostfriesland und Oldenburg viele Beispiele nennen, wo in 30 bis 60 Jahren eine so bedeutende Dammerdeschicht herangewachsen war, daß darauf edle Holzarten gutes Gedeihen fanden.

Die Art des Holzanbaues anlangend, so werden wol heuer in den meisten Fällen alle Forstmänner die Freisaat, so naturgemäß die Saat auch immerhin ist, hauptsächlich ihrer Unsicherheit wegen verwerfen und der Pflanzung den Vorzug geben. Bei den Aufforstungen müssen wir dieses um so mehr, da hier ganz besonders, der Verheidung wegen, eine schleunige Deckung des Bodens geboten ist. Wie sehr sich die Heide behauptet, sehen wir auf allen Culturflächen; aber noch auffälliger ist, daß sie nach jeder Bodenbearbeitung, namentlich auf dem Hochmoore nach der Entwässerung und sogar nach der Brandcultur, gleichsam als wären ihre Kräfte verjüngt und erfrischt, abscheulich wuchert.

Dieses Umstandes wegen müssen wir denn auch eine enge Pflanzung empfehlen, deren Weite zweckmäßig auf 1 Mtr. festzustellen ist. Ist der Boden kräftig und steht eine Verheidung nicht zu befürchten, so dehne man, der geringeren Pflanzungskosten wegen, die Pflanzweite bis auf 1.50 Mtr. aus.

Zur Erhaltung des Mischungsverhältnisses pflanze man reihenständig jede Holzart für sich.

Wir gehen hiernach zu den einzelnen Bodenarten über.

Der Marsch-, Grünlandsmoor- und Angerboden wird heuer den Holzzüchter nicht mehr beglücken, und wenn dieses vorkommen sollte, so wird ihn das nicht in Verlegenheit setzen. Man baue eben darauf, wie und was man Lust hat.

Der Bruchmoorboden wird schon eher dazu dienen. Auch dieser ist dankbar, will jedoch eigen behandelt sein. Die Hauptaufgabe ist bei ihm die Entwässerung, ohne jedoch die Bodenfeuchtigkeit völlig entziehen zu dürfen.

Die Brucherde ist ein sehr lockeres Erdreich, welches wenige kenntliche Pflanzenreste und geringe mineralische Beimischung hat, vielmehr eine pulverförmige Masse darstellt. Je mehr Thonbeimischung die Brucherde besitzt, desto fetter und fruchtbarer ist der Boden. Die Brucherde hat eine sehr bedeutende Haarröhrchenkraft, vermöge deren sie die Feuchtigkeit sehr stark und hoch aufsaugt und festhält. So gar ängstlich braucht man deßhalb bei der Entwässerung, wegen übermäßiger Trockenheit, nicht zu sein. Durch die Entwässerung und Bearbeitung vermindert sich die Moorschicht gewaltig. Man zieht, je nachdem der Boden mehr oder weniger sumpfig (quellenreich) ist, in 5, 10 bis 20 Meter Entfernung Gräben von entsprechender Breite und Tiefe.

Das billigste Vorbereitungsmittel ist die Brandcultur; diese will aber mit ganz außerordentlicher Vorsicht betrieben sein, da leicht die Brucherde bis auf den Untergrund abbrennt und dadurch die Bodenkraft bedeutend beeinträchtigt wird. Bei tüchtiger Bodenbearbeitung kann schon durch einjährige Brandcultur der Boden empfänglich gemacht werden.

Das gründlichste Verbesserungsmittel ist das Uebererden, und da gewöhnlich Bruch auf Sand lagert, so wird man zu dieser Erdart greifen, welche vermöge ihrer Schwere bald in den weichen Boden versinkt und dadurch eine künstliche Vermischung unnöthig macht. Der Sand wird aus den Seitengräben gewonnen, und es ist nützlich, den Boden mindestens 0,15 Mtr. hoch zu überwerfen. Bei Thon ist eine Vermischung mit der Brucherde geboten, im Uebrigen wie bei der Uebererdung des Ackers zu verfahren.

Ein fetter Bruchboden ist mit Weißtanne, Buche und Eiche in Vermischung, denen noch in geringer Menge Esche, Ulme rc. zugesellt werden können, zu bebauen.

Ein magerer Bruchboden wird immer noch die Fichte und Eiche tragen, welchen die Kiefer beizumischen ist.

Ist der Boden nicht völlig trocken zu legen, so wird die Erle sich behaupten.

Der Heidelehmboden muß in derselben Weise bearbeitet werden, wie es der Acker verlangt. Er trägt die Fichte, und es kann dieser Holzart je nach seiner Kräftigkeit mehr oder weniger die Buche und Eiche beigemischt werden.

Der Heidesandboden will, wie bereits bemerkt, zuvor genau geprüft sein.

Der ockergelbe, bisweilen in's Braune spielende Sand, welcher nicht selten das Ansehen und die Eigenschaft eines feinen, hellbraunen Lehms zeigt, ist als gut anzusprechen. Weniger gut ist diese Bodenart, je heller die Farbe erscheint. Der für den Anger unliebsame grandhaltige Boden (der grobe Kiessand) ist für den Holzanbau nicht so schlecht, sofern er nur ein gutes Bindemittel führt. Der hell- bis dunkelbraune, ein wenig pflanzliche Stoffe enthaltende Sand ist, je nach der Menge der zersetzten pflanzlichen Stoffe (Humussäure), zwischen denen man den hellen Sand unterscheiden kann, mehr oder weniger brauchbar. Dieselbe Bodenart mit geringer Ortsteinunterlage kann aufgeschlossen werden, wogegen sie bei einer starken oder tiefstehenden Ortsteinschicht, oder bei einem sonstigen, schwer zu durchbrechenden Untergrunde unbrauchbar ist. Der helle, bindungslose, aus schwerlöslichem Kieselmehl oder krystallinischen Quarzkörnen bestehende Sand (Wehsand), welcher nur das Heidekraut (ohne Besenpfriemen, Ginster 2c.) spärlich trägt, macht die Holzzucht schon bedenklich. Wo selbst die Heide nicht mehr blüht, das Hungermoos 2c. den Boden liebt, da stehts mit der Holzzucht ganz betrübt.

Die Vorarbeiten bestehen darin, daß zunächst das Heidekraut vertilgt wird. Alsdann muß der Heidehumus allmählich durch immer tieferes Pflügen mit dem Sande vermischt werden. Hierauf kommt die Tiefcultur durch das Doppelpflügen, wie bei der Beackerung, jedoch folgt dabei dem leichteren Pfluge der etwas stärker als der gewöhnliche Ackerpflug gebaute und tiefer greifende s. g. Wald-Schwingpflug. Aus Ersparungsrücksichten wird dieselbe häufig nur mit letzterem vollzogen, auch wol auf Streifen, wie nachstehend, beschränkt.

Der ortsteinhaltige Boden muß riolt werden, welches am gründlichsten durch den Spaten geschieht. Hierbei wird ebenfalls häufig aus Ersparung nicht die ganze Fläche, sondern die Hälfte oder besser ²/₃ derselben in Streifen von 2,40 Mtr. Breite riolt, so daß also 2,40 Mtr. bzw. 1,60 Mtr. breite Zwischenräume unberührt bleiben. Der Ortstein ist völlig zu durchbrechen.

Vor dem Anbau muß der bearbeitete Boden, namentlich bei der Riolcultur mindestens 1 Jahr der Luft ausgesetzt bleiben. Der Auswurf aus den Riolstreifen wird dann auf die Zwischenbänke gelegt und später in die offenen Gräben zurückgestürzt, dergestalt, daß der Ortstein auf die Oberfläche zu liegen kommt. Es ist angebracht, die nicht riolten Streifen (Zwischenbänke) nachträglich zu pflügen und mit zu bepflanzen, besonders deßhalb, damit die Heide auch seitwärts unterdrückt und unschädlich gemacht wird.

Der Wehsand wird zunächst an den beweglichsten Stellen etwas geebnet und mit Heide- oder Grasplaggen schachbrettartig bedeckt, alsdann in seiner ganzen Ausdehnung mit Strandhafer besäet. Diese Pflanze gibt dem Boden Festigkeit und macht ihn nach einigen Jahren zum Holzanbau geeignet.

Das Recept für die Wahl der Holzart liegt schon oben vor. Die Kiefer ist durchweg die herrschende, welcher bei den zuerst genannten Bodenarten die Fichte, Buche, Eiche rc. zu zugesellen sind. Die Buche wird bei den folgenden

Bodenarten schwinden, ihr die Eiche und schließlich die Fichte folgen, so daß zuletzt im bindungslosen Sande die Kiefer allein den Boden decken muß.

Der anmoorige Boden verlangt durch seinen reichlichen Gehalt von Humuskohle und Humussäure eine gründliche Zersetzung. Diese ist nur durch eine möglichst vollkommene Vermischung der Moorschicht mit der mineralischen Erde zu erzielen. Bei einer geringen Decke wird das bei dem Heidesandboden übliche Verfahren helfen; sobald aber die Moorschicht so mächtig ist, daß der Pflug den Untergrund nicht heben kann, so muß erst aus Seitengräben die mineralische Erde gewonnen und über die Culturfläche geworfen werden, alsdann entweder der Pflug möglichst tief die Vermischung bewirken, oder die Uebererdung so stark bemessen sein, daß darin die Wurzeln gehörig Boden fassen. Ist die Moordecke lose und kräftig, so mag eine Erdschicht von 0,15 Mtr. Dicke entsprechen, während bei zunehmender Magerkeit die Auffüllung stärker sein und mindestens 0,30 Mtr. Höhe betragen muß.

Die ein- oder zweimalige Brandcultur als Vorbereitung des rohen Bodens vermindert die Culturkosten und kann nicht schaden, ist sogar bei zunehmender Mächtigkeit der Moorschicht nothwendig.

Ist der Boden nicht ganz arm, so wird die Fichte als herrschende Holzart betrachtet werden können, welcher je nach der Bodengüte die Buche und Eiche, oder die Eiche und Kiefer, oder nur die Kiefer zu zugesellen sind. Bei zunehmender Armuth wird die Kiefer herrschend und dieser die Fichte beigemischt werden müssen.

Der Hochmoorboden kann unter Umständen auf billigem Wege für den Holzanbau gewonnen werden. Hier ist die Brandcultur unbedingt geboten, und diese so einträglich, daß sie mehr oder weniger die Culturkosten deckt.

Wir beziehen uns bezüglich der Verfahrungsweise dieser Vorcultur auf die unter Ackerbau gemachte Darstellung, müssen aber wiederholt hier empfehlen, die Zeitdauer dieser Cultur nicht über 3 Jahre auszudehnen.

Zunächst kommt bei der Holzzucht auf diesem Boden in Frage, ob mineralische Erde ohne unverhältnißmäßig hohe Kosten aus dem Untergrunde zu gewinnen steht. Kann dieses geschehen, so ist man schon geborgen. Es folgt dann in beschriebener Weise die Dammcultur, welche den forstlichen Anbau sehr erleichtert. Je mooshaltiger und ärmer die obere Moorschicht, oder je geringer die Erdscholle ist, desto stärker muß die Uebersandung und desto inniger die Vermischung des Sandes mit der Moorerde sein. Gewöhnlich wird man auf eine 0,15—0,30 Meter hohe Sandschicht rechnen können. Würde die Uebersandung auch noch stärker sein, aber eine Vermischung mit Moorerde nicht stattfinden, so werden die Hölzer auf armem Moostorfe doch nur bis zu dem Alter gedeihen, als die Wurzeln in dem mineralischen Boden sich entwickeln können. Sobald die Wurzeln das Mooslager berühren, werden die Hölzer kümmern und eingehen, um so schneller, je tiefgehender die natürliche Wurzelbildung ist. Die Vermischung der Erdarten kann nur allmählich durch den Pflug geschehen, und es ist deßhalb der Sand nicht auf einmal, sondern stufenweise auszuwerfen.

Bei zu großer Mächtigkeit des Moors hört dieses Lied auf, und es beschränkt sich alsdann die Aufschließung des Bodens auf die Brandcultur in Verbindung mit der Entwässerung. Hierdurch wird der Hochmoorboden theils in seinen natürlichen Eigenschaften günstig umgewandelt, theils in seinen chemischen Bestandtheilen verbessert. Es ist dieser Boden von Natur so locker, daß er den Wurzeln keinen Halt giebt, daß die Hölzer kümmerlich mehr auf dem Boden sitzen, als in ihm wurzeln. Durch das Entwässern und Brennen setzt sich der Boden und enthält mehr Zusammenhang, er leidet deßhalb nicht so leicht durch die Dürre, nimmt die Gase und die feuchten Niederschläge der Luft leichter an, saugt sich aber nicht so sehr voll Wasser und friert im Winter weniger auf. Alle Stoffe, welche zur Ernährung der Hölzer nothwendig sind, enthält der Boden, aber in ungenießbaren Verbindungen. Die Brandcultur ist auch hierin dienlich und veranlaßt, daß ein großer Theil der Humussäuren verbrennt, der an dieselben gebundene Kalk frei wird und theils als Aetzkalk, theils als kohlensaure Kalkerde zur weitern Entsäuerung dient, daß ferner das schädliche Eisenoxydul zu dem unschuldigen Eisenoxyd verbrennt, daß auch der in pflanzlicher Verbindung vorhandene Schwefel in Schwefelsäure umgewandelt wird, daß endlich Phosphorsäure, Alkalien &c. neue Verbindungen eingehen. Es wird somit zwar eine fruchtbare Erdkrume geschaffen, allein wir haben gesehen, daß die kräftigen Bestandtheile nur in der Erdscholle enthalten sind und daß mit der Abnahme dieser der unfruchtbare Moostorf auftritt. Ist daher die Erdscholle sehr mächtig, so kann auf diesem Wege die Holzcultur vortheilhaft sein, im anderen Falle wird man wenig Seide spinnen. Wir haben sehr viele derartige Holzculturen nicht nur gesehen, sondern auch gründlich untersucht, und sind zu der Ueberzeugung gekommen, daß dabei die größte Bedachtsamkeit nöthig ist.

Damit haben wir aber keineswegs die Holzcultur zurückhalten wollen, wir sind vielmehr der Ansicht, daß dieselbe auf den unabsehbaren Hochmooren Norddeutschlands aus volkswirthschaftlichen Rücksichten eine große Ausdehnung finden muß und wird. Dazu sind leicht zu beschaffende Vorbereitungen nöthig. Die verächtliche, aber genügsame Heide ist zunächst das Kraut, welches uns hier besonders dienlich sein muß. Wir haben schon bemerkt, daß die Heide durch die Entwässerung des Moors gewaltig wuchert und die Erdscholle bereichert. Damit die Entwässerungskosten gedeckt werden, gebe man die in regelmäßige Schläge getheilte Flächen auf 2 Jahre in Brandcultur; lasse hierauf dem Boden eine 30jährige Ruhe, sorge jedoch in dieser Zeit für gehörige Instanderhaltung der Entwässerungsanstalten; nach Ablauf dieser Zeit untersuche man die Erdscholle, und wenn diese noch nicht reichhaltig genug ist, so wiederhole man die Brandcultur und die nachfolgende 30jährige Brache. Wir sind überzeugt, daß auf diese Weise nach Verlauf von 60 Jahren die Holzcultur angebracht ist, vorausgesetzt, daß alsdann die Verheidung verhindert wird.

Inzwischen werden größere Versuche gemacht und Erfahrungen gewonnen sein, welche ein sicheres Vorgehen gestatten.

Wenn übrigens ein Krüppelwuchs nicht abschreckt, so kann durch sofortige Holzcultur in noch reichlicherem Maße der Boden gekräftigt werden.

Wie bei dem Bruchboden, so lege man auch hier die Dämme je nach Bedürfniß 5, 10 bis 20 Mtr. breit. Die Breite und Tiefe der Seitengräben muß sich gleichfalls nach den Verhältnissen richten.

Auf dem besandeten Moorboden ist die Fichte als herrschende Holzart zu betrachten, welcher Eiche und Kiefer zugesellt werden können.

Auf dem unbesandeten Moorboden muß zunächst die Kiefer herrschend sein, der die Fichte, auch in geringer Menge (mehr versuchsweise) die Eiche beizumischen sind.

Ein werthvoller Boden ist schließlich noch der abgetorfte Hochmoorgrund. Derselbe eignet sich aber mehr zur Acker- als zur Holzcultur, und wird deßhalb weniger in Frage kommen. Wenn sich gleichwohl dazu Gelegenheit bieten sollte, so leistet er Vorzügliches. Wir finden darauf Weißtanne, Buche und Eiche in der schönsten Ueppigkeit. In Holland sind Eichenschälwaldungen auf ihm angelegt, deren Erträge allerdings nicht völlig denen des fruchtbaren Ackers gleichkommen, immerhin bedeutend sind. Die Bearbeitung des Bodens ist unter Fehncultur beschrieben.

Für die Holzcultur ist ein Haupterforderniß die Erziehung kräftiger Pflänzlinge durch Saat- und Pflanzbeete.

Man wähle dazu einen fruchtbaren sandigen Lehmboden oder lehmigen Sandboden. Er wird im Herbst umgegraben, im Frühjahr durchgehackt und sorgfältig gereinigt. Enthält der Boden keine gute, keimfähige Erdkrume, so wird er mit Composterde vermischt. Die Beete werden in 1,20 Mtr. Breite angelegt. Alsdann wird der Same, welcher gut und keimfähig sein muß, reihenweis in 0,30 Mtr. Entfernung ausgesäet und mit feiner Composterde, je nach der Größe des Samens 0,03—0,06 Mtr. dick bedeckt. Auf den Ar säe man von Kiefer, Fichte, Weißtanne 2c. 1 Kilogr., Buchen 5 Kilogr. und Eichen 8 Kilogr. Samen. Nach der Saat ist ein Einstecken von Nadelholzzweigen an den Rändern der Beete, bei Weißtanne sogar eine Ueberdeckung in der Höhe von 1 Mtr. über dem Boden, zum Schutz der jungen Pflanzen zweckmäßig.

Im nächsten Frühjahre werden die einjährigen Pflänzchen von Fichten, Weißtannen, Buchen 2c., sofern sie kräftig sind, in 0,15 Mtr. Entfernung auf Pflanzbeete versetzt, die ebenso wie die Saatbeete zu bearbeiten sind.

Im dritten Jahre sind Fichten, im vierten bis sechsten Jahre Buchen und Weißtannen pflanzbar.

Kiefern und Eichen werden mit dem Keilspaten ein-, auch zweijährig aus dem Saatkamp verpflanzt. Auf Wehsand pflegt man nach dreijährigen Kiefernballenpflanzen zu greifen.

Bei der Verpflanzung wirken gehörige Auflockerung der reichlich zu bemessenden Pflanzstelle und gute Pflanzerde günstig.

Auf Moorboden ist ein Belegen der Pflanzstelle mit Erdscholle dienlich.

Im Uebrigen vermeide man bei der Pflanzung alle Künstelei, blicke vielmehr in die Natur und verleihe der Pflanze einfach ihr Recht. Das Pflanzen mit dem Keilspaten (Klemmpflanzung) ist zwar nicht naturgemäß, weil die Seitenwurzeln zusammengedrückt werden, allein dieses geschieht auch nur bei ein- bis zweijährigen Kiefern und Eichen zur Erhaltung ihrer Pfahlwurzel, worauf es besonders bei diesen Hölzern ankommt, und heilt bald aus.

Wer tiefer in die Cultur und Zucht der Hölzer blicken will, den verweisen wir auf die Lehren des europäischen Waldmeisters, Forstdirector Doctor Hr. Burckhardt, Säen und Pflanzen ꝛc.

Das Feld der vereinzelten Bestrebungen ist damit unsererseits erschöpft. Sollen in ausgedehnter Weise die schlummernden Schätze der Natur aufgeschlossen werden, so sind größere Kräfte und bedeutendere Mittel aufzuwenden als der Einzelne zu beschaffen vermag, und es bleibt dann Sache des Staats, hier einzutreten. Es führt uns dieses auf das große Gebiet der Volkswirthschaft und dreht sich vorzugsweise um

Die Verbindungsmittel.

Wir haben gesehen, daß der Heidebauer eine schwierige Aufgabe hat. Der Heideboden ist an und für sich sehr arm. Er erfordert nicht nur große Arbeitskräfte, sondern auch bedeutende Düngermassen. Die Zufuhr von einem thonhaltigen Mergel, von Straßenkoth, Marscherde, Fluß- und Seeschlick ꝛc. steht dem Heidebauer aber selten zu Gebote. Künstliche Düngungsmittel allein sind nicht durchgreifend. Ihm bleibt also fast nur der Ausweg, die fehlenden Bestandtheile des Bodens in der Form des thierischen Düngers zuzuführen. Mit seinem eigenen Vieh, welches im Sommer auf den Heiden und Mooren weidet nnd im Winter mit Lupinen-, Roggen-, Hafer- und Buchweizenstroh gefüttert wird, vermag er nur wenig Dünger zu gewinnen, und wenn er diesen auch noch durch Heideplaggen vermehrt, so hat er damit noch immer nicht die einer fortschreitenden Cultur entgegenstehenden Schwierigkeiten überwunden. Durch Hacken und Brennen des Heidehumus wird der Heidebauer mit seinem wenigen Dünger wol einige Jahre Früchte erzielen, auf diese Weise aber den Boden erschöpfen, und ist er nicht im Stande, gute Erde und Dünger, oder zur Vermehrung seines Viehstandes, Stroh und Heu aus entfernter Gegend sich zu verschaffen, so wird er die Cultur nicht fördern können.

Der Moorbauer hat da, wo die Torfsubstanz noch ganz vorhanden ist, eine noch weit schwierigere Aufgabe als der Heidebauer. Mit den besonderen von diesem zu überwindenden Schwierigkeiten verbindet sich für ihn noch der erhebliche Umstand, daß die Cultur auf diesem Boden immer und zumal in nassen Jahren sehr mißlich bleibt. Nur an denjenigen Stellen, woselbst der Torf weniger mächtig steht oder fast gänzlich hinweggeräumt ist und übererdet werden kann, wird der einträgliche Getreide- und Futterbau getrieben. Der Moorbauer kann aber diesen Ackerbau auf mächtigem Moore nicht unternehmen, ohne die Anlage auf Torfhandel zu begründen und ohne für vollständige Entwässerung des Moors gesorgt zu haben, und die Erfüllung dieser Bedingungen übersteigt das Maß seiner Kräfte.

Daraus erklärt sich der elende Zustand der Colonien, welche mit dem Beginn des vorigen Jahrhunderts in den wilden, oft unzugänglichen Heide- und Moorgegenden Norddeutschlands planlos, ohne hinreichende Verbindungen und ohne dauernd begründete Erwerbsquelle angelegt wurden. Es ist dadurch eine vermehrte Bevölkerung festgesetzt, welche wesentlich ihren Unterhalt auf die abscheuliche Brandcultur gründet und nothwendig verarmen muß, sobald dieser Bau nicht mehr nachhaltig in gleicher Ausdehnung und mit gleichem Erfolge fortbetrieben werden kann.

Man wollte eine Versorgung der Minderbegüterten, und bewirkte die Steigerung der Armuth und die Ueberlastung der angrenzenden Gemeinden in demselben Verhältniß, als das Bestehen der Colonisten von der schwankenden und unsicheren Erzeugung jener einzigen Cultur abhängig war.

Das eintönige Leben läßt den Colonisten in der Cultur sich nicht über seine Armuth erheben. Dies spricht der Dichter Thorlackson, der Uebersetzer von Miltons Paradies in der Sprache der Edda, rührend aus, indem er sagt: „Seit ich die Welt betrat, bin mit der Armuth ich vermählt; seit 70 Wintern drückt sie mich an ihren Busen, und ob wir hier auf Erden noch geschieden werden, das ist nur dem bekannt, der uns verband.“

Es ist daher eine vorzügliche Aufgabe des Staats, zunächst die alten Sünden wieder gut zu machen und jene Colonien zu heben, ihre unglückliche Lage zu verbessern, sodann aber auch überhaupt der Natur des Landes die möglichsten Vortheile abzugewinnen.

In der Hinsicht verdient insbesondere hervorgehoben zu werden, daß Canäle die Lebensadern der Heide- und Moorgegenden sind, daß durch sie allein die früher grauenhaftesten Einöden zu blühenden Colonien und zu einer Quelle lohnenden Erwerbs umgeschaffen werden.

Vor Allem ist hierbei der großartigen Canalanlagen Hollands und Ostfrieslands zu gedenken, die unter dem Namen Fehne (d. h. regelmäßig angelegte Moorcolonien mit schiffbaren Canälen) bekannt sind. Auf diesen Fehnen werden Torfwirthschaft, Ackerbau, Viehzucht, Gewerbe und Schifffahrt in ungewöhnlicher Vereinigung und in einem den wechselseitigen Anforderungen entsprechenden Umfange betrieben.

Vorzüglich waren es die Holländer, die bei ihrer Canalisirung Grundsätze befolgten, nach welchen die Mittel zum Zweck verständig gewählt und kräftig durchgeführt wurden. Begünstigt durch einen wasserreichen, flachen Boden, auf welchem die Anlegung künstlicher Wasserstraßen weder große Capitale, noch auch große Kunst erforderte, durchschnitten sie ihr ganzes Land mit Canälen.

Die staatliche Einrichtung Hollands begünstigte das Fehnwesen. Eine umsichtige Gesetzgebung regelte die Befugnisse und Handlungen der Colonisten, ohne in eine, die freie Bewegung beschränkende Bevormundung auszuarten. Daneben war die Einrichtung der Provinzen, welche gleichsam einen Staat im Staate bildeten, ein Beförderungsmittel der Culturentwickelung, weil das vorherrschende provinzielle Interesse den Wetteifer steigerte und da, wo der Erfolg sich zeigte, zur Nachahmung anspornte. Ein hervorragender Vortheil ist dann der durch die Verbindung mit größeren Städten und Ortschaften erleichterte, und eben deßhalb gewinnreichere Absatz des Torfs, während zugleich der Unternehmungsgeist neuer Colonisten durch das Vorhandensein von Canälen in mehr oder weniger unmittelbarer Nähe gefördert wurde, eben weil auf einen günstigen Erfolg mit größerer Sicherheit gerechnet werden durfte. Die Ursachen giengen mit den Wirkungen Hand in Hand, daher bieten denn sämmtliche Fehncolonien Hollands dem Auge ein herzerhebendes Schauspiel der bewunderungswürdigen Folgen menschlichen Fleißes und der zweckmäßig auf Wasserverbindungen verwendeten Mittel dar, sowie sie den Beweis einer nachahmungswerthen Einrichtungsgabe liefern, in Folge deren durch die vereinte Kraft der Vermögenszustand der Colonisten sich begründete, neue Anstalten ins Leben gerufen, selbst die ödesten Grundstücke der Cultur unterzogen sind, und die landwirthschaftliche Benutzung des Bodens auf eine hohe Stufe gebracht wurde.

In der ersten Hälfte des 17. Jahrhunderts schritt man in Ostfriesland, nach dem Vorbilde Hollands, zur Bildung von Fehncolonien, ohne dieselben jedoch mit der Umsicht, männlichen Kraft und Ausdauer wie dort fortzuführen.

Eine arme Bevölkerung ist auf den richtig angelegten Fehncolonien nicht vorhanden. Auf der Grundlage strenger zwar, aber sicher lohnender Arbeit sehen wir Tausende von Familien ein angemessenes kleines Grundeigenthum erwerben, das jede, auch die nach Mitteln und Gaben beschränkteste, mäßig nährt, während den Geweckteren und Strebenden durch den Verkehr und Zusammenhang mit der übrigen Welt Mittel genug an die Hand gegeben sind, ihr Dasein zu verbessern.

Gewiß ist von allen Zwecken, welche sich die Thätigkeit und der Unternehmungsgeist des Menschen setzt, eines der schönsten, nützlichsten und wichtigsten, die Gründung jener Fehne, welche die öden unbewohnten Heide- und Moorstrecken in bevölkerte Fluren verwandeln.

Wie überaus groß der Nutzen dieser Fehne für den Staat in volkswirthschaftlicher und gesellschaftlicher Beziehung sich herausstellt, sehen wir eben in Holland und Ostfriesland. Dort finden wir auf den Fehnen nicht nur eine verhältnißmäßig große und zufriedene Bevölkerung, sondern auch tüchtige Steuerkräfte.

Der Haupthebel liegt in der mit einem Fehne unzertrennlich verbundenen Wasserstraße.

Seit langer Zeit hat man schon für den schweren Gütertransport den Wasserstraßen gewisse Vorzüge eingeräumt. Auf Landstraßen ist jedenfalls der Transport wesentlich kostbarer, obendrein werden dem Ackerbau und der Betriebsamkeit Menschen- und Pferdekräfte entzogen. Die Eisenbahnen sind für schnelle Beförderung diensamer, überhaupt aber in einem cultivirten Lande angebracht, dessen zahlreiche und wohlhabende Bevölkerung das Bedürfniß derselben fühlt; während in den Oeden die Cultur erst durch die Anlage bequemer und nicht kostbarer Verbindungsmittel hervorgerufen werden soll.

Dazu kommt insbesondere, daß die Grundbedingung der Moorcultur: „Die vollständige Entwässerung des Moors," nicht genügend erfüllt wird, sobald die Verbindung sich auf die Anlage einer Eisenbahn oder einer Landstraße beschränkt; daß der Canal zum Transport des Torfs, der Erfordernisse und Erzeugnisse des Landbaues rc. am geignetsten und am wenigsten kostspielig ist; daß ferner derselbe den Bewohnern längs dessen Ufern den Vortheil gewährt, daß sie sich auf allen Punkten ihm anschließen können, was ein außerordentlicher Gewinn für die Cultur der Ländereien ist, durch welche der Canal seinen Zug nimmt; daß endlich durch den Canal die höher gelegenen Ländereien entwässert und vermöge des regelmäßigen Wasserabzuges niedrig gelegene Gegenden vor Ueberschwemmungen beschützt werden, anderseits die Bewässerung der angrenzenden Ländereien in Anwendung kommen kann.

Alle diese Vortheile und die, welche sich erst noch in jedem besonderen Falle zeigen werden, geben für die Landescultur der Canalanlage vor allen anderen Verbindungsmitteln den Vorzug.

Zugleich wird man durch Canäle im Innern des Landes bequeme Gemeinschaften eröffnen, die Frachtkosten mindern, den Handel und die Betriebsamkeit heben und Wohlhabenheit verbreiten.

Den Canälen ist der erstaunliche Wachsthum der holländischen Städte und der Aufschwung, den die holländische Gewerbsthätigkeit genommen, hauptsächlich zuzuschreiben. Ist daher die Canalisirung für sich ein mächtiger Hebel des Volkswohlstandes und der Sittenverbesserung nach allen ihren Verzweigungen, so bestätigt das Beispiel Hollands, daß in Verbindung mit der Colonisirung ihr Einfluß auf die Wohlfahrt des Landes eine Größe zu erreichen vermag, welche jede Vorstellung übersteigt. Canäle verwandeln den Bewohner der Wildniß in einen wohlhabenden Landbesitzer und in ein Mitglied der gesitteten Gesellschaft. Es erhalten in Folge der Colonisirung und der Errichtung von Gewerken ꝛc. eine Menge Menschen angemessenen Unterhalt, nicht zu gedenken der Vortheile, welche die Hebung des Bodenwerthes längs dem Canale, die Schifffahrt und damit die gesteigerten Handels- und Verkehrsverhältnisse hervorrufen.

Aber auch aus dem Gesichtspunkte der Gewinnsucht können die Fehnanlagen vortheilhaft und nutzbringend sein. Zu dem Ende muß man sich zunächst davon überzeugen, daß sich überall ein brauchbarer Torf vorfindet und daß derselbe zu angemessenem Preise zu verwerthen ist, auch der Untergrund die Eigenschaft einer dauernden Culturfähigkeit in sich trägt. Sodann muß man untersuchen, ob die Grabung eines Canals ausführbar ist. Ist das Ergebniß günstig, so bleibt endlich noch zu erwägen, ob die zu den Anlagen erforderlichen Kosten sich gehörig verzinsen. Die Ziehung eines Canals zum nächsten schiffbaren Fluß ist es hauptsächlich, was die Fehnanlagen kostbar macht, denn mitunter sind die Moore weit von diesem entfernt. Wenn schon ein fließendes Wasser, vom Moore kommend, vorhanden ist, so erleichtert das die Anlage sehr, doch müssen diese Wasserzüge gewöhnlich beträchtlich erweitert und vertieft werden, sowie meistens auch die Höhenverhältnisse eine Vertheilung des Gefälles durch Anlage kostbarer Schleußen erheischen.

So günstig sich daher auch die Verhältnisse gestalten mögen, immer werden mehr oder weniger bedeutende Anlagekosten erforderlich sein, wodurch die Einträglichkeit in Frage gestellt ist.

Dazu kommt, daß das Vorrücken der Canalisirung gewisse Grenzen hat, die nicht durch vergrößerten Kraft- und Geldaufwand zu überschreiten sind.

Vor allen Dingen verlangt die Abwässerung des Moors Zeit, von welcher sich auf keine Weise etwas abdingen läßt. Um dabei bedeutende Kosten zu ersparen, ist das Moor in der Canallinie soviel als möglich nutzbar zu machen und zu Torf zu verarbeiten. Das Torfgraben erfordert aber ebenfalls Zeit, wenigstens werden die Transportkosten bedeutender, je länger und breiter die jährlich zu grabende Strecke genommen wird.

Der Canal muß die Beförderung der allgemeinen Landescultur ꝛc. erzielen und gemeinnützig sein, eine Pulsader, worin man den Herzschlag allerseits spüren kann. Je ausgedehnter dabei der Wasserverkehr zu erreichen steht, desto mehr wird die Colonie und die angrenzende Gegend blühen.

Sobald der Canal bis an das Moor geführt ist, wird er für sich allein unzureichend, da der Kreis seiner Wirksamkeit sich hier nur auf die nächste Umgebung beschränkt. Je dichter nun das Netz der Nebencanäle ist, desto mehr wird die Verbindung in der Colonie und nach Außen erleichtert. Deßhalb muß der Hauptcanal, der zugleich die Grundlage der Ent- und Bewässerung bildet und die Wildniß in ihrer Hauptrichtung durchschneidet, eine nach der Ausdehnung der Fläche zu vermehrende Reihe von Nebencanälen aufnehmen. Die Zahl der von dem Hauptcanal aufgenommenen Nebencanäle wird dann gleichmäßig mit der fortschreitenden Cultur der Fläche wachsen. Ist dabei der Colonist gehalten, zur einen Seite seines Colonats einen Zugangscanal gemeinschaftlich mit dem Anlieger anzulegen, so wird der Canalzusammenhang eine für die Ausbeutung und Cultur des Moors ersprießliche Form bekommen. Auf diese Weise sind die gelungensten Canalbauten in den holländischen Mooren angelegt.

Dergleichen Unternehmungen werden in Holland bald von Privatpersonen, bald von Gemeinden oder Landesdirectionen zu Stande gebracht. Zu den ersteren gehört die schöne Colonie Wildervank in Gröningen, die zu einem hohen Grade der Blüthe in sehr kurzer Zeit gestiegen ist. Zu den letzteren gehört der vortreffliche ungefähr drittehalb Meilen lange Canal Hoofdvaart, den die Drente'sche Provinzial-Regierung auf Kosten der Landeskasse hergestellt hat.

Sollen nun derartige Unternehmungen diejenigen Erwartungen erfüllen, welche in staatlicher Hinsicht zu stellen sind: Die Hebung der Handels- und Verkehrsverhältnisse, der Betriebsamkeit, des Bodenwerthes und die Heranziehung einer Bevölkerung, welche durch ein sicheres Auskommen dem Staate tüchtige Steuerkräfte schafft, so erscheint es nach den bisherigen Erfahrungen als ganz unerläßlich, daß auf Kosten des Staats das Netz der Hauptcanäle gezogen wird. Der Staat gewinnt jedenfalls, da die volkswirthschaftlichen Vortheile unendlich größer sind, als der erforderliche Aufwand, selbst wenn das Erträgniß nur die Betriebskosten ersetzt; er kann mehr auf den Nutzen des Ganzen, als auf den Vortheil des Einzelnen, mehr auf den Staatszweck, als auf den augenblicklichen Ertrag der Unternehmung sehen; er wird also mehr Zusammenhang und Einheit in's Ganze bringen.

In der Aufgabe des Staates liegt es, nicht nur die Bedürfnisse der Gegenwart, sondern auch die Nachkommenschaft in's Auge zu fassen, während die Privaten sich zunächst nur die Erreichung von möglichst hohen Antheilen zum Ziele setzen müssen. Der Staat ist in seinen Mitteln unendlich weniger beschränkt, als Privat-Gesellschaften; er vermag also rascher das Werk auszuführen.

Ebenso ist es für den Staat von nicht zu verkennender Wichtigkeit, mit der Canalisirung Ent- und Bewässerungs-Anlagen und sonstige Zwecke zu verbinden, aus welchen der angrenzenden Bevölkerung ohne wesentliche Mehrkosten bedeutende Vortheile zuzuwenden sind; nicht minder liegt es lediglich in seinem Interesse, die Canalisirung so auszudehnen, wie es für die allgemeine Wohlfahrt des Landes zweckdienlich erscheint.

Von der Kraft des Staats, zum Zweck derartiger Anlagen bedeutende Summen aufzubringen, haben die Wenigsten richtige Vorstellungen. Es ist aber unleugbar, daß der Werth solcher Anlagen, ob diese sich verzinsen oder nicht, wenn sie nur in volkswirthschaftlicher Beziehung einen dem Aufwande entsprechenden Nutzen gewähren, als reiner Zuwachs zum Landesvermögen anzusehen ist. Auf den mit mangelhafter Canalisirung ausgestatteten Fehnen in Ostfriesland sind seit etwa 200 Jahren 5200 Hektar Moor abgegraben und cultivirt; 14,000 Einwohner bewohnen 2400 Häuser. Nach der in dem Werke des Verfassers über Moorwirthschaft dargelegten Berechnung ist dortselbst unmittelbar durch die Fehnanlagen das Landesvermögen, ohne Zinsen oder Zinseszinsen, um 90 Millionen Mark vermehrt. An directen Steuern werden 36,000 Mark aufgebracht. Nimmt man an, daß diese Steuern seit 200 Jahren fortschreitend zugenommen haben, so hat der Staat im Ganzen eine Summe von 3 3/5 Millionen Mark erhalten. Berücksichtigt man nun noch im Allgemeinen die Folgen der Canalisirung auf die Ausdehnung der Landescultur, Betriebsamkeit, Schifffahrt, des Handelsverkehrs ꝛc., so wird die bedeutende Bereicherung des Landesvermögens durch derartige Anlagen anerkannt werden müssen. Und hieraus erklärt sich, warum Holland, welches bereits große Summen auf die Herstellung von Canalanlagen verwendet hat, sich dadurch nichts weniger als erschöpft, sondern vielmehr gestärkt fühlt, seine Unternehmungen in stetiger Fortschreitung zu vermehren. Dort leben auf 1 Q.-Meile cultivirten Moores 10,000 Menschen in bestem Wohlstand.

Jedenfalls liegt auf der Hand, daß die Canäle weit mehr als Landstraßen das Landesvermögen heben, und da man nirgends Anstand nimmt, letztere in den Hauptrichtungen auf Kosten des Staats zu erbauen, so wird man mindestens dasselbe ersteren gewähren müssen.

Thöricht wäre es übrigens, wenn man aus dem Angeführten den Schluß ziehen wollte, daß die Vermehrung des Landesvermögens vermittels solcher Anlagen keine Grenzen habe. Wir sind vielmehr der Ansicht, daß das Privat-Interesse in jeder Art von Unternehmungen kräftig wirkt und daß insbesondere die Ausführung der eigentlichen Fehnanlagen durch Gemeinden, Genossenschaften, Provinzial-Directionen oder durch vermögende Privat-Gesellschaften zu verwirklichen ist. Dafür sprechen alle Erfahrungen in Holland, während bei dem Georgsfehn in Ostfriesland die Ausführung auf Staatskosten einen nichts weniger als vortheilhaften Ausgang genommen hat.

Es kommt aber in Betracht, daß eine Fehnanlage viele Jahre Zeit, große Einheit in der Aufsicht und Leitung, und mehr als gewöhnliche Kenntniß, Erfahrung, Umsicht und Ausdauer bei den leitenden Personen voraussetzt; daß die Anlagekosten nicht mit Bestimmtheit zu veranschlagen sind, daß auf der anderen Seite auch das Einkommen ungewiß ist.

Dieses hat seit längeren Jahren den Unternehmungsgeist für Fehnanlagen gelähmt, um so mehr, da die Staatsregierungen mehr hemmend als fördernd in dieser Richtung wirkten. Ganz anders werden sich die Verhältnisse gestalten, wenn auf Kosten des Staats die Hauptcanäle gezogen werden.

Damit darf sich aber der Staat nicht begnügen; es liegt ihm vielmehr die zweite Aufgabe ob, auf seine Kosten sorgfältig geprüfte Culturpläne festzustellen, d. h. die erforderlichen Voruntersuchungen und Ausarbeitungen mit genügend klaren Ausführungsentwürfen und muthmaßlichen Erfolgsberechnungen anfertigen zu lassen.

Auf diesem Wege verschafft sich der Staat zugleich eine sichere Einsicht in die künftige Einträglichkeit, vermag danach die Aufwendungen der einzelnen Unternehmer zu regeln und erhält die nöthigen Anhaltspunkte, den Anbauer einerseits gegen die Ausbeutung der Gesellschaft (des Capitals) zu schützen, andererseits so zu stellen, daß ihm eine sichere Zukunft geboten ist.

Es erscheint außerdem nothwendig, daß die Gesellschaften im Interessen des Gemeinwohls der staatlichen Aufficht unterworfen bleiben. Die Gesellschaft ist die Feder, welche alle verschiedenen Theile der Anstalt belebt und im Gange erhalten muß, hört diese zu wirken auf, so ist die Zerstörung des Ganzen unausbleiblich.

Um den Staat für die Canalanlage in Etwas zu entschädigen, mag eine Canal- und Schleußenabgabe erhoben werden.

Ist der Staat zugleich Grundeigenthümer, so empfiehlt sich die in Ostfriesland übliche Abtretung in Erbpacht, weil durch den Kauf dem Unternehmer eine zu große Summe auf einmal entzogen würde. Dabei bleibt eine demnächstige Ablösung nicht ausgeschlossen. Die Fehncultur verlangt verhältnißmäßig große Mittel, die ganz allmählich sich verzinsen. Es liegt auf der Hand, daß durch Erlegung eines Kaufpreises die Kräfte, welche die Fehncultur erfordert, geschwächt werden müssen. Wenn man heuer aber gegen das Erbpachtverhältniß eingenommen ist, so gewähre man wenigstens Freijahre und lasse alsdann eine allmähliche Tilgung der Kaufsumme eintreten. Ueberall darf der Staat nicht kurzsichtig geizen, am wenigsten bei dieser Cultur; er muß vielmehr die volkswirthschaftlichen Vortheile vor Augen haben, und sind ihm diese gesichert, so sollte der unmittelbare Gewinn in den Hintergrund treten.

Muß von Gemeinden oder Privaten die Culturfläche angekauft werden, so ist nur auf die Weise der Unternehmungsgeist zu wecken, daß unter mäßigen Bedingungen Darleihen, etwa in der Weise, wie die preußische Instruction für die Ausführung der technischen Vorarbeiten bei Landesverbesserungen vom 24. August 1961 vorschreibt, gewährt werden.

Da Mangel an genügenden Betriebsmitteln vorzugsweise die Ursache ist, weßhalb der Colonist auf den Ostfriesischen Fehncolonien anfangs in der größten Dürftigkeit lebt, so führt uns das auf die Nothwendigkeit der Errichtung von Vorschuß-Kassen, aus welchen den Colonisten Darleihen in kleinen Summen gewährt werden. Sind diese vorhanden, so wird der Colonist nicht nur bald die angeliehene Summe wieder erstatten können, sondern er wird in den Stand gesetzt, sich zeitig etwas zu erübrigen. Die sofortige Hinterlegung solcher zeitigen Ersparungen, auch in den kleinsten Beträgen alsbald sich nutzbar zu machen, ohne die immer ihm bereite und sichere Verfügbarkeit darüber zu verlieren, muß durch die Einrichtung der sich bewährten Spar-Kassen ermöglicht werden. Durch die Verbindung einer Sparkasse mit der Vorschuß-Kasse würde nicht lange ein besonderer Vorschuß nöthig bleiben; beide Kassen würden sich bald ergänzen.

Die preußische Staatsregierung hat seit neuern Jahren mit ganz besonderem Interesse der Cultur der großen Moore Norddeutschlands sich zugewandt und die in der Ausführung begriffenen Canalbauten im mittleren Emsgebiete kräftig gefördert. Es sind zwar solche Landesverbesserungen, welche nach Zweck und Umfang eine über das provinzielle Interesse nicht hinausgehende Bedeutung haben, sowie die entsprechenden Geldmittel durch das Provinzialausstattungsgesetz vom 8. Juli 1875 den einzelnen Provinzen überwiesen; allein die Canalbauten im mittleren Emsgebiete sollen auch künftig aus allgemeinen Staatsmitteln ausgeführt werden. Planmäßig sollen der Ems-Vechte-Canal, der Canal Haren-Rütenbrock und die Strecke Frenswegen-Piccardie des Süd-Nord-Canals bis zum Schlusse des Jahres 1877 so weit fertig gestellt werden, daß sie dem Verkehre übergeben werden können. Mit der Ausführung dieser Canalstrecken wird der überaus großartige Culturplan auf einen Stand gebracht sein, welcher eine weitere segensreiche Entwickelung und Colonisation des Gebiets verbürgt, den Canalzusammenhang der holländischen Provinz Groningen dem diesseitigen Verkehr eröffnet und weitere Anschlüsse an die Schifffahrtscanäle der holländischen Provinzen Drenthe und Oberyssel in sichere Aussicht stellt.

Der Geheime Regierungsrath E. Marcard in Berlin scheint in seiner Schrift „über die Canalisirung der Hochmoore im mittleren Emsgebiete" die Absichten der preußischen Staatsregierung kundzugeben, indem er Seite 56 bzw. 63 darüber sagt:

„Alle noch erforderlichen Vorarbeiten für den Verbesserungsplan werden auf Kosten der Staatsregierung ausgeführt, welche in fortlaufender Verbindung mit einem von den betheiligten Gemeinden zu wählenden Ausschusse die Canalpläne und den Colonisationsplan unter thunlichster Berücksichtigung der ihr von dem Ausschusse bezeichneten Wünsche feststellt."

„Die Ausführung der Hauptcanäle erfolgt unter Leitung der Regierungsvertreter ohne Rücksicht auf Torfgewinnung und so rasch, als es den gegebenen Verhältnissen nach möglich ist ꝛc."

„Die zur vollständigen Ausarbeitung des Planes noch erforderlichen Vorarbeiten werden auf Kosten der Staatsregierung gemacht, welche sich die Feststellung des ganzen Colonisationsplans und die Ausführung sämmtlicher Hauptcanäle vorbehält. Unternehmer der Anlagen sind die betheiligten Gemeinden je innerhalb ihrer Feldmarken, sofern nicht eine genossenschaftliche Vereinigung mehrerer Gemeinden für den einen oder anderen Canalplan zu erreichen sein wird."

„Lehnt die eine oder andere Gemeinde ihre Mitbetheiligung bei dem Unternehmen ab, so bleibt die in ihrer Feldmark geplante Canalstrecke einstweilen unausgeführt. Die Kosten der Bauausführung erfolgen aus den Beihülfen der Staatsregierung und den eigenen Leistungen der Gemeinden."

„Nach Vollendung der Hauptcanäle innerhalb eines oder mehrerer Gemeindebezirke erfolgt die Ueberweisung an die betreffende Gemeinde oder Genossenschaft zur selbstständigen weiteren Bewirthschaftung unter Vorbehalt derjenigen Aufsichtsrechte der Staatsregierung, welche das öffentliche Interesse sicher stellen."

Diesen Kundgebungen können wir nicht ganz beipflichten.

Unseres Erachtens muß die Regierung die Hauptcanäle je nach ihrer Ausdehnung mit Zustimmung der gesetzlichen Vertreter des Amts oder Kreises oder der Provinz planen und ausführen, sowie die Belastung der Nutznießer feststelleu, ganz in derselben Weise, wie es für den Landstraßenbau vorgeschrieben ist. Ein Ausschuß von uncultivirten Moorbauern ist ein Unding; darauf wird weiter der kühne Griff gestützt sein, daß dessen Heiligenschein in Wünschen strahlt.

Einen Canal durch's Hochmoor ohne Rücksicht auf Torfgewinnung zu ziehen, widerstreitet allen wirthschaftlichen Grundsätzen und ist mindestens als Verschwendung zu bezeichnen.

Die Anlagekosten der Hauptcanäle sollen aus den Hülfsmitteln der Staatsregierung und den Leistungen der Gemeinden bestritten werden. Allerwegen behauptet aber der Geldbeutel eine entscheidende Stimme, und mit Umgehung dieser werden die rechtsverbindlichen Folgen trübe. Warum Verwickelungen hervorrufen, welche man auf die Weise gänzlich verhütet, daß der Staat auf seine Kosten die Hauptcanäle baut und erwirbt, sowie sich durch irgend eine Belastung der Nutznießer entschädigt. In dem benachbarten Holland finden sich bezügliche Fingerzeige. Andere Staaten, wie Belgien 2c. können auch dienen. Das Gute muß man selbst beim Feinde ehren. In Frankreich ist das Vorgehen gesetzlich geregelt, und zwar durch das Gesetz vom 16. September 1807, über Austrocknung der Sümpfe, vom 19. Juni 1857 über die systematische Urbarmachung, vom 28. Juli 1860 über die Nutzbarmachung der den Gemeinden gehörigen Sümpfe und öden Ländereien, vom 8. Juni 1864 über das Bewalden und Berasen der kahlen Berge, vom 21. Juni 1865 über die Syndicat-Genossenschaft 2c. In Frankreich gilt erst recht das deutsche Sprüchwort: wenn der Bauer nicht muß, rührt er weder Hand noch Fuß. Dort hat denn auch der Staat kräftig das Werk in die Hand genommen. Allein in den südfranzösischen Departements der Gironde und Gascogne umfaßten noch 1810 die öden Heidesandsteppen und Moräste 600,000 Hektar. Der Staat besitzt gegenwärtig auf den cultivirten Dünen 41,658 Hektar Kiefernwaldungen, und schon im Jahre 1844 sagte der Minister in der Abgeordnetenkammer, daß er die früheren Dünen nicht um 100 Millionen Frank missen möchte. Die dortigen Wüsteneien sind aber im Ganzen seit 1810 von 600,000 auf 9000 Hektar zusammengeschmolzen.*) Wir denken, daß ein solches Beispiel zur Belehrung dienen könnte.

Sobald die Hauptkanäle hergestellt sind, will Marcard dieselben der inzwischen gebildeten Genossenschaft überweisen. Glück auf! — jedoch müssen wir einen günstigen Erfolg bezweifeln. Wer den Unverstand der Bauern in den öden Landstrichen kennt, dem muß sich die Ueberzeugung aufdrängen, daß der durch Marcard eröffnete Weg der Selbstausführung so umfassender Anlagen, als der in Rede stehenden, für eine Genossenschaft ungangbar ist, zumal dieselben wenig Gemeinsinn besitzen, vielmehr dermaßen in Selbstsucht befangen sind, daß ihnen eine uneigennützige Vertretung gemeinsamer Interessen nicht denkbar erscheint. In solchen Zuständen beruht ein sittliches Hinderniß, zu dessen Beseitigung in der preußischen Gesetzgebung

*) Anmerkung. Bericht des G. O.-R.-R. von Strantz zu Berlin in den Annalen des landwirthschaftlichen Monatsblattes 45. 131. bzw. 48. 273.

das Mittel der Zwangsausführung nicht gegeben ist. Die Selbstausführung mag zwar hier und dort zu einem gedeihlichen Endergebnisse führen, wenn sie von Seiten der Staatsbeamten, in vertrauensvoller Uebereinstimmung mit tüchtigen Vertretern der Genossenschaft, thunlichst gefördert und begünstigt wird; allein dieses hängt zu sehr von Persönlichkeiten ab, als daß es auch nur mit einiger Wahrscheinlichkeit vorhergesehen werden könnte. Dagegen scheint es angebracht, die Ausführung der Fehnanlagen unternehmenden Gesellschaften zu übertragen. Wenn die Unternehmer den betheiligten Grundbesitzern über die Bedingungen, unter welchen sie die Ausführung übernehmen wollen, annehmbare Vorschläge machen, und die Grundbesitzer diese Vorschläge der Mehrheit nach annehmen, so fällt alsdann die Selbstausführung solcher Anlagen hinweg und damit das größte Hinderniß, welches der Ausführung solcher segenverheißenden Unternehmen entgegensteht. Die Moorbauern sehen ganz gern Canal- und Fehnanlagen; nur können sie sich nicht entschließen, die dazu nothwendigen Kosten aus eigenen Mitteln aufzuwenden, und tragen Bedenken, die Anlagekosten durch gemeinschaftliche Anleihen zu bestreiten. Den armen Moorbauern, und arm sind sie meistens, muß auch die Vorauszahlung der Anlagekosten schwer fallen, ja zum Theil unmöglich sein. Bei Anleihen will nicht der eine Betheiligte für den andern haften. Von dieser Seite können also Bedenken nicht befremden. Diese fallen indessen hinweg, wenn die Anlage von Unternehmern ausgeführt wird; denn die betheiligten Grundbesitzer haben alsdann die Kosten der Anlage nicht zu bestreiten und gelangen dennoch entweder durch Verkauf zu Kapital oder zu dem Genuß des Nutzens der Anlage, sofern sie sich entschließen können, den kleineren Theil dieses Nutzens an diejenigen abzugeben, welche die Kosten und die Gefahr der Anlage übernommen haben.

Um Unternehmer für die Ausführung der Fehnanlagen zu gewinnen, muß es mindestens als wahrscheinlich nachgewiesen werden können, daß die Ausführung, Unterhaltung und Verwaltung der Anlagen ein einträgliches Unternehmen sein werde. Die Fehnanlagen können meistens diese Gewährleistung bieten, das sehen wir in Holland und Ostfriesland, und wo wir hier einzelne Fehncolonien finden, bei denen dieses nicht zutrifft, da liegen die Gründe, welche bald in der kostspieligen Verwaltung, Planlosigkeit der Anlage, mangelhaften Bewirthschaftungsweise und bald in der Verfolgung von Nebenzwecken (Wohlthätigkeitsanstalten, Straf- und Armen-Colonien 2c.) beruhen, zu Tage. Zudem ist die Verzinsung der fraglichen Unternehmen gleichsam auf Grund und Boden hypothekarisch gestützt und die Sicherheit der Hypothek durch den zunehmenden Werth des Fehngrundes gleichsam naturgesetzlich verbürgt. Solche gesicherte Unternehmungen sind gerade für die jetzige Zeit geeignet, in welcher beinahe jede Art der Capitalbelegung bedenklich erscheint. Nur eine Schwierigkeit steht der Betheiligung des Capitals an der Ausführung der fraglichen Unternehmen entgegen: diese beruht in dem Umstande, daß den Besitzern des Capitals hier zu Lande die Fehncultur völlig unbekannt ist. Diese Schwierigkeit kann nur durch das Vertrauen gehoben werden, welches bewährte Männer in der Oeffentlichkeit genießen, die, nachdem sie solche Unternehmen hinreichend geprüft haben, in rein gemeinnütziger Weise als Begründer von Actien-Gesellschaften auftreten.

Daß dieser Weg erfolgreich ist, sehen wir in Holland, Ostfriesland und neuerer Zeit in Oldenburg.

Nach Marcard soll bei den Fehnanlagen das in Preußen seit einer Reihe von Jahren sich bewährte Genossenschaftswesen zur Durchführung gelangen. Es ist richtig, daß auf diesem Wege Großartiges geschaffen worden ist, aber durchweg nur in reichen Landstrichen, wo Capital und Einsicht herrschte.

Im Uebrigen können wir bei der Cultur der öden Gründe, namentlich bei der Ent- und Bewässerung der Grundstücke, nicht ohne Vereinigungen bestehen. Was dem Einzelnen nicht gelingen wollte, gelingt Vielen unter einsichtsvoller Leitung und gleichmäßiger Benutzung der Kräfte und Mittel. Wir wollen deßhalb wünschen, daß die gesetzgeberische Thätigkeit uns recht bald gute einheitliche Genossenschaftsgrundsätze, mit denen hoffentlich die richtigen Mittel zur Zwangsausführung gegeben sein werden, schafft.

Aber auch schon das gesellschaftliche Vereinswesen hat durch die Einführung zweckmäßiger Grundsätze und Verfahrungsweisen &c. eine große Tragweite für den Fortschritt, welchen wir vor allen Dingen in den öden Landstrichen erstreben müssen. In dieser Beziehung verdient seit einigen Jahren der norddeutsche Moorbrandvertilgungsverein durch seine außerordentliche Thätigkeit ganz besondere Anerkennung, vorzüglich dessen rastloser Secretair A. Lammers in Bremen und der Landes-Oeconomie-Conducteur W. Peters in Osnabrück. Die edlen Bestrebungen dieses Vereins lassen es wünschen, daß demselben eine ausgedehnte Verzweigung nicht nur in Nord-, sondern auch in Süddeutschland zuwächst. Sind auch hier die Bewohner nicht für die Cultur interessirt, so tragen sie doch wie dort die Belästigungen des Moorrauchs. Wir können wenigstens auf Bergeshöhe bestätigen, daß der Geschmack (Elsässisch) des Moorrauchs hier ebenso widerlich ist, wie wir ihn dort so häufig in unmittelbarer Nähe empfunden haben. Wir sind dabei der Ansicht des Dr. E. Birnbaum (Seite 121 dessen Werkes über Moorbrennen, Glogau, 1873), daß der Verein auch Fehnanlagen durch unternehmende Gesellschaften bzw. Genossenschaften in's Leben rufen sollte, wozu ihm Gelegenheit und Kräfte nicht fehlen.

Ein gleichnützlicher Verein hat sich neuester Zeit in Schleswig-Holstein gebildet, der die Nutzbarmachung der dortigen Heiden zu fördern und der Entstehung neuer Heiden vorzubeugen sucht. Dieser Verein plant zugleich die Wiederbewaldung der dortigen Heiden, und wir wollen schließlich in dieser Beziehung noch Einiges hervorheben.

Bei den offenbar gesteigerten Anforderungen der neueren Zeit kann der Waldbestand selbst unter der Voraussetzung der Benutzung anderen Brennstoffs kaum als ausreichend bezeichnet werden und nicht minder ist es eine zu beklagende Thatsache, daß durch Ausrodungen, gänzliche Entblößungen und verfehlten Wiederanbau der Wasserstand unserer Flüsse derart gesunken ist, daß daraus mindestens eine zeitweise Störung unserer Verkehrsverhältnisse herbeigeführt wurde und in Zukunft in einem noch höheren Grade besorgt werden darf. Damit steht in natürlicher Verbindung eine allmähliche Erschöpfung der Quellengebiete, die immer mehr um sich greifende Unmöglichkeit, die Waldflächen mit Erfolg zur weitern Cultur zu benutzen; sowie es denn ferner auf der Hand liegt, daß die zum Theil aus der obigen Ursache hervorgegangenen unregelmäßigen Witterungsverhältnisse der letzteren Jahre einen ganz erheblichen Nachtheil auf die Landwirthschaft ausgeübt haben. Eben diesen immer mehr um sich greifenden Gefahren ist es hauptsächlich wol zu zuschreiben, wenn neuerer Zeit viele Staatsregierungen keine Gelegenheit haben vorüber gehen lassen, den Staatswaldbesitz durch Ankauf zu erweitern, zumal dieser sowohl wie die privaten Forsten durch Ablösung ꝛc. eine sehr erhebliche Flächenverringerung zur Folge gehabt haben. Es ist aber zugleich in diesen Richtungen und Angesichts einer in starker Zunahme begriffenen Bevölkerung eine Aufgabe des Staats, durch auf Schutz und bessere Cultur hinausgehende Maßregeln der Gegenwart und Zukunft möglichst Rechnung zu tragen. Nach der Natur unserer ganzen staatlichen Einrichtungen und der damit in engster Verbindung stehenden theilweisen Beschränkungen des Eigenthums der Staatsangehörigen ist es eine berechtigte, sogar zur Pflicht gewordene Handlung des Staats, auf die Beförderung der allgemeinen Wohlfahrt, zumal bei einem so äußerst wichtigen Theile des Landesvermögens seinen Einfluß geltend zu machen; wie denn auch die meisten Staaten Deutschlands ihre althergebrachte Oberaufsichtsbefugniß über die Gemeinde- und Privatforsten in engeren und weiteren Grenzen bis jetzt aufrecht erhalten haben. Nach diesen Gesichtspunkten muß sich ganz besonders der Staat dazu berufen fühlen, die Wiederbewaldung der ausgedehnten öden Heide- und Moorgründe, welche größtentheils nicht zu Acker- und Wiesenland tauglich sind, herbeizuführen. Nicht zum Plaggenhauen, nicht zur Schnuckenweide und nicht zur Brandcultur sind diese Gründe geschaffen, weil damit wüste Steppen sich erzeugen; der Wald allein ist ihnen heimisch, giebt Bodenkraft und Feuchtigkeit, Schutz und Reinertrag, und soll diese Erkenntniß Bahn sich brechen, müssen alle Vertreter des Staats und die Vereine wirksam sein und namentlich das Streben auf Bildung von Waldgenossenschaften richten.

Straßburg, Buchdruckerei H. L. Kayser. — 9.

MIX
Papier | Fördert gute Waldnutzung
FSC® C083411

Zeitfracht Medien GmbH
Ferdinand-Jühlke-Straße 7
99095 Erfurt, Deutschland
produktsicherheit@kolibri360.de